LES MYSTERES DES PYRAMIDES

RESOLUS:

LES SOLUTIONS SCIENTIFIQUES AUX PROBLEMES RELATIFS AU CHAMP MAGNETIQUE TERRESTRE ET AU CHANGEMENT CLIMATIQUE

1re Edition Révisée Assortie des Illustrations

Écrit par

Christian Bernard Magnongui

LES MYSTERES DES PYRAMIDES RESOLUS:

LES SOLUTIONS SCIENTIFIQUES AUX PROBLEMES RELATIFS AU CHAMP MAGNETIQUE TERRESTRE ET AU CHANGEMENT CLIMATIQUE

Écrit par Christian Bernard Magnongui

Inspiré de la seconde publication Anglaise, éditée par Ashara Love et Jim Martyka ; avec illustrations et conception de la couverture par Jesse Thompson. (U.S.A)

Photo de la couverture par sCky Art Photo & Vidéo (U.S.A).

Première publication, réalisée par la Fondation de la Musique Classique pour les Enfants. Nous offrons une remise aux organisations à buts éducatifs et non lucratifs pour l'achat de ce livre en grande quantité ou à celui qui a l'intention de faire un don en plusieurs exemplaires aux organisations.

Les versions papier et électroniques sont disponibles sur notre site: www.classicalmusicforchildren.org, ainsi que sur **Amazon.fr** et sur commande dans les librairies locales.

ISBN-13: 978-1491245279 (pbk.)

ISBN-10: 1491245271

Classical Music for Children Foundation
(La Fondation de la Musique Classique pour les Enfants)
P.O. Box 1240, Seattle, WA 98111, États-Unis

Dédié aux Scientifiques, Responsables Politiques et à l'Humanité tout Entière.

REMERCIEMENTS

Mes remerciements et ma reconnaissance s'adressent tout d'abord aux États Unis et à son peuple qui ont créé et maintenu les conditions des valeurs démocratiques, la liberté des religions, et rendu disponibles dans les bibliothèques des informations libres m'ayant permis de soutenir le fonds de révélations qui m'ont été accordées.

Ma reconnaissance s'étend ensuite aux peuples d'Égypte, du Soudan, du Mexique, du Pérou et à tous les autres qui ont préservé les Pyramides ; à l'équipe de la réalisation du documentaire : « la Révélation des Pyramides », Mr. Jacques Grimault, auteur et informant, à Mr. Patrice Pooyard son réalisateur, ainsi qu'à tous ceux qui ont de loin ou de près courageusement participé à ce documentaire.

Aux scientifiques qui ont fait et continuent de faire un énorme travail pour essayer de révéler les buts scientifiques des pyramides ; à ceux et à celles qui cherchent à trouver des solutions pour résoudre le problème du bouclier magnétique de notre planète ; aux futures générations des scientifiques de toutes les races qui croient et cherchent des solutions naturelles à l'énergie renouvelable, pour pallier le manque actuel d'énergie afin de protéger notre planète.

Mes remerciements s'adressent en premier lieu aux éminentes personnalités ci- après : M. Jacques Grimault, Mme. Gillian Turner, au Professeur Vroom Jack Rochford, à Franz Lohner, John Meurig, Thomas, Rudolf Gantenbrink, Frank Dorland, Christopher Dunn, David Linden, Rick

Groleau, Peter Barlow, Nola Taylor Redd, Professeur Mike Hulme, Dr. Ken Rubin.

J'exprime aussi toute ma gratitude à tout le personnel des bibliothèques de la ville de Snohomish et de Seattle ; au personnel de MSNBC.com.

Mes remerciements vont aussi aux sociétés et organisations suivantes : *National Geographic*, la NASA, la NOVA, Discovery Company, la BBC Nouvelles Sciences et Environnement, le magazine 'The Register, le site Ehow.com, Technology & Science Space, The Battery Council International, le Département de la Santé d'Éducation et du Bien Être des États-Unis.

Je dis un très grand merci au gouverneur M. Patrick Duval de l'état du Massachusetts et à Mme Roslyn M. Brock, Présidente de « *The National Association for the Advancement of Colored People* » (NAACP), pour leur encouragement et le support exprimés par leurs lettres en guise de remerciement lors de la réception de la première version anglaise de ce livre qui fut aussi offert à plusieurs autres personnalités des États Unis et du monde.

Merci aux amis qui m'ont soutenu pendant la période de mes recherches et de la publication de la première édition de ce livre : Sandy DuVall, Nicholas Sveslosky, Mr. Et Mme. Howard et Jeannette Fourchée et Giovani Rivera, Sherese Jenina Thompson, Sarah Jessica Thompson, Jesse Irving Thompson, and Jesse Thompson ; à celles et à ceux qui étaient toujours à mes côtés aux moments de joies et de difficultés pendant mon séjour aux USA : à Isla Sitou, Nadielh et Valérie NZaou- Pambou, Gary Hanada, Luzia Lammon (mère Fatima), mes sœurs, mes frères, mes cousins, mes neveux, mes tantes, mes grand mères et oncles ; à mon père, Emmanuel Dominique Magnongui et à ma belle-mère, Pélagie Magnongui et Cosmos Moutouari pour m'avoir donné une éducation.

Un remerciement particulier à ma mère, M'Boumba Thérèse pour son amour inconditionnel et son soutien dans ma vie.

Et merci aux peuples de toutes les confessions et aux nations qui suivent ensemble un chemin, celui d'exploration permanente de la vérité sur l'univers ; et un grand remerciement aux amis de la France qui ont cordialement apporté leur contribution pour la publication de la première version française de ce livre, ainsi qu'à Raymond Magnongui, Kinga Carmen et Rita Kimbembe et les autres.

Je voudrais exprimer ici toute ma gratitude à tous ceux qui ont participé généreusement et inconditionnellement à mon séjour en France.

Je voudrais également souligner que j'apprécie le soutien d'Ashara Love, ma première éditrice qui a révisé le texte apportant plus de clarté dans l'édition anglaise. Elle m'a offert bénévolement ses services exprimant ainsi son amour pour le travail et j'apprécie sa générosité, comme une sœur. Elle a toujours été engagée profondément dans la compréhension des mystères du monde qui nous entourent, dans l'obligation et la nécessité de poser des questions sur ce monde. Elle a un profond respect pour la vie et la spiritualité, ainsi que pour la liberté des croyances religieuses et politiques des autres, qualités qui correspondaient parfaitement bien aux exigences nécessaires pour aider à accomplir ce projet.

Mes remerciements les plus sincères à Madame Andrea Nonga, Psycho-sociologue qui a travaillé durant des années dans la formation d'étudiants futur-ingénieurs à Lyon (France) ; le texte a été révisé et mise en forme en langue française par ses soins.

Je tiens maintenant à faire honneur à la conscience Divine du Mahanta, le Maître ECK Vivant, Harold Klemp, ainsi qu'aux Maîtres ECK du Vairagi, mes professeurs spirituels, pour leur sagesse spirituelle, leurs orientations intérieures ainsi que leur amour divin. Ils m'ont formé et continuent de le faire tous les jours en m'offrant de garder un état de conscience spirituel ouvert et réceptif à l'Esprit de Vérité, d'apprendre à être au service de la Force de Dieu (L'Esprit de Vérité, La Force Divine) en servant l'humanité sans considération de races ou de religions à travers l'amour divin. Les bénédictions que j'ai reçues et continue de recevoir à travers la compréhension et la manifestation de ces révélations sont sans mesure.

TABLE DE MATIÈRES

« Galilée a été nommé le père de l'astronomie d'observation moderne, le Père de la Physique Moderne, le Père de la Science et le Père de la Science Moderne. Le mouvement des objets uniformément accélérés est enseigné dans presque toutes les Grandes Écoles, aux cours de physique et dans les collèges. Ce thème a été étudié par Galilée comme sujet de cinématique. Sa contribution à l'astronomie d'observation inclut la confirmation télescopique des phases de Vénus, la découverte des grands satellites de Jupiter, nommés Lunes de Galilée en son honneur, l'observation et l'analyse des taches solaires. Galilée a travaillé aussi dans le domaine de la science et de la technologie appliquée afin d'améliorer la conception de la boussole.

Galilée comme champion de Copernicianisme a été critiqué durant toute sa vie. La vision géocentrique restait dominante jusqu'à l'époque d'Aristote et la vision controversée de la présentation de l'héliocentrisme introduit par Galilée comme un fait avéré a entraîné l'interdiction de cette théorie, car empiriquement ce n'était guère un fait prouvé pendant cette période et allait à l'encontre du sens littéral de l'Écriture. Galilée a été contraint finalement d'abjurer son héliocentrisme, en passant le reste de sa vie en résidence surveillée sous les ordres de l'Inquisition Romaine ». [1]

INTRODUCTION

Quand Galilée présentait auprès du public de son époque le système de Copernic suggérant que la Terre et les autres planètes tournaient autour du soleil, il a fallu des décennies pour que ce public, même le plus éduqué, reconnaisse et valide cette découverte. Grâce à celle-ci, les êtres humains commençaient à avoir une meilleure compréhension de l'Univers. Cette compréhension cruciale nous permet de mieux prévoir nos productions agricoles, parce qu'elle permet aussi d'anticiper les saisons, avec des méthodes relativement plus précises.

Pourtant, bien que nous puissions prévoir maintenant les saisons à venir, les températures et les tempêtes de la Mère Nature restent des facteurs toujours imprévisibles de notre relation avec le système climatique de notre planète. Nous continuons à ne pas être en mesure de nous protéger contre les forces destructives de la Mère Nature : par exemple les inondations excessives et incontrôlables, les tremblements de terre, les volcans, les séismes, les tsunamis, les sécheresses, les hivers (neige et froid) pénibles et longs, les chaleurs excessives entraînant souvent des morts chez les personnes âgées, etc.…

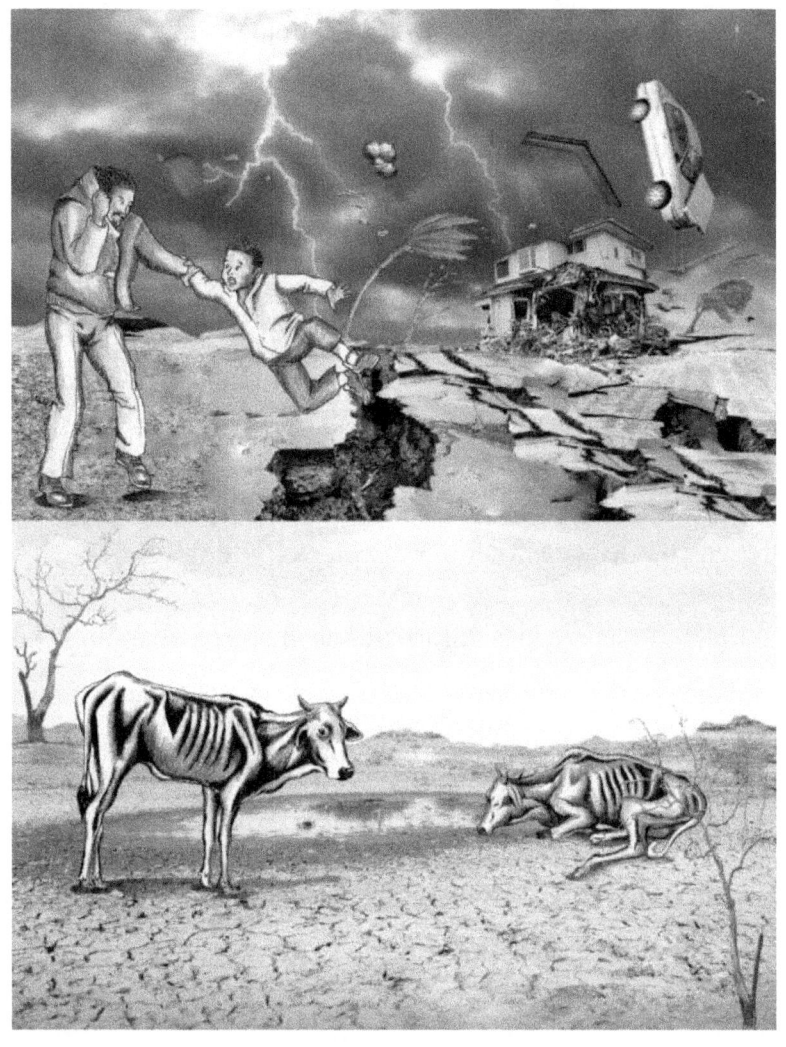

Les scientifiques n'ont pas encore déterminé avec exactitude la raison fondamentale du changement climatique du monde, ceci restant parmi les nombreux mystères qui nous entourent dans ce siècle. L'unique théorie, devenue l'objet de discussion sérieuse, semble proposer l'idée que la cause serait le réchauffement climatique planétaire.

N'étant pas un scientifique mais plutôt un étudiant des « Enseignements Spirituels », je souhaite transmettre un message crucial aux sociétés scientifiques et aux responsables politiques ou économiques : une sorte de « cadeau » d'essence divine concernant un thème qui me tient à cœur ; y aurait-il une finalité scientifique dans la construction ancienne des Pyramides ? Les nouvelles pistes et les théories scientifiques à ce sujet montrent que le changement climatique actuel et à venir, serait lié au champ magnétique terrestre et pourrait-être résolu grâce à l'utilisation rigoureuse de la compréhension des constructions appelées Pyramides.

J'ai eu accès à des informations inspirées par mes Rêves, à une guidance, par le truchement de mes contacts avec la Conscience Divine connue sur Terre sous le nom de « Mahanta », nom qui reviendra très souvent comme Maître Intérieur ou Maître des Rêves.

Cela peut vous sembler étrange… mais si vous poursuivez avec moi, je peux vous fournir le fonds de mes hypothèses, qui sont les résultats de mon inspiration d'après des faits scientifiques réels. J'espère que vous êtes prêts à maintenir un esprit très ouvert pendant que je vous offre en partage mes investigations rigoureuses.

PLUSIEURS SOURCES D'INSPIRATION

Malgré la réussite des avancées technologiques du 21ème siècle, nous n'avons toujours pas compris, maîtrisé et résolu le phénomène caché du noyau de la Terre et de son champ magnétique (couche d'ozone ou bouclier terrestre) qui protège notre planète-terre contre les radiations excessives diffusées par la galaxie et les vents solaires électriquement chargés, qui selon les scientifiques causeraient des cancers divers sur le corps humain et d'autres perturbations de la vie.

Je ne suis pas un scientifique, ni même un étudiant en science. Avant que je m'engage dans mes recherches, je n'étais simplement qu'un être ordinaire qui m'efforçais de vivre mon quotidien en tâchant d'appliquer les lois de la vie (ou lois de l'esprit de vérité, de la force divine, etc.) : j'étais un être humain qui a appris à rester à l'écoute de ses Rêves supports de visions, à les explorer avec l'aide et l'accompagnement de la Force Divine. Et plus précisément, grâce à mon effort spirituel, j'ai appris à cultiver ma capacité innée et à suivre une guidance Positive Intérieure, au tant que je puisse faire.

J'étais un technicien en informatique titulaire d'un certificat d'Ingénieur Système sur les Réseaux Microsoft (MSCE) validé en 2000, à l'école de Xincon Technology School de New York ; cette profession, je n'ai pu l'assumer à l'époque pour des motifs « d'immigration », mais je peux compter les multiples professions exercées qui ont marqué ma survie aux États-Unis; à cela s'ajoute mon expérience de courtier, après l'obtention d'une licence d'officier de Prêts bancaires (obtenue dans la ville de Houston, Texas), en tant que résident aux U.S.A.

Cet emploi a été perdu à la suite du début de la crise financière Mondiale de 2008. Afin de rebondir, j'ai assumé un emploi de technicien en informatique chez 'Dell'.

Ensuite il y eut le grand tournant de ma vie : une vision dans un Rêve m'invita à aller travailler dans un service de personnes handicapées et souffrant de la maladie d'Alzheimer. Grâce à cette profession, à cause de la joie ressentie à rendre heureux mes patients, j'ai développé et cultivé sans le savoir un esprit de recherche dans la compréhension des effets bénéfiques du son de la Musique sur le bien-être des malades.

Ainsi vous observez que ma motivation à vouloir clarifier les buts scientifiques, qui sous-tendent la construction des Pyramides, est basée sur des Rêves et des visions que je perçois fréquemment ; la curiosité me pousse à approfondir leur sens.

Si vous ne connaissez pas le monde des Rêves, il est normal que vous restiez sceptique sur mes « révélations » ; peut- être même que vous souhaiteriez stopper la lecture de ce livre. Quoi qu'il en soit, je ne suis pas la première personne, ni la dernière à offrir des pistes, des informations transcrites à partir de Rêves. En fait, apporter des intuitions, comme un Messager, sur des observations scientifiques, intuitions qui s'avéraient pertinentes ?! Pourquoi pas !

En référence à l'Histoire, rendons hommage à l'esprit curieux et remarquable des savants et inventeurs tels que René Descartes (1596-1650), Blaise Pascal (1626-1662), Isaac Newton (1642-1727), Montesquieu (1689-1755), Benjamin Franklin (1706-1790), Benjamin Banneker (1731-1806), Pierre Laplace (1749-1827), Michael Faraday (1791-1867), Albert Einstein (1879-1955) ; reconnaissons la valeur de la philosophie issue de la Grèce antique ; soulignons la qualité des connaissances léguées par l'enseignement des Ecoles des Mystères d'Osiris et d'Isis dans l'ancienne Égypte. C'est grâce à cet héritage transmis à travers les siècles que notre civilisation a pu progresser au point actuel.

Je ne me considère pas comme un génie, ni même un inventeur. J'ai simplement la responsabilité de faire circuler un message. Je ne sais pas pourquoi j'ai été choisi pour recevoir cette intuition, et même si j'en suis conscient, je ne pense pas qu'il serait propice de tout vous révéler en partage avec vous. Il est seulement de mon devoir de vous la transmettre. Vous, mes concitoyens, mon but est que vous l'exploitiez ; je suis un vecteur et je vous rappelle ma disponibilité pour travailler avec vous.

Si c'est le bon vouloir du Divin, cette information va constituer un atout : le but ultime serait de minimiser les effets de la catastrophe climatique imminente et de prévenir le danger pour protéger les générations futures (nos enfants et nos petits enfants).

Mon vœu le plus profond est que cet ouvrage porteur d'informations trouve son chemin et soit lu par des personnalités politiques ou des personnes remarquables, susceptible d'agir en aidant ce Projet.

Mon but ultime : empêcher la reproduction d'une catastrophe globale qui engendrerait une instabilité sociale inéluctable, et qui pourrait ramener nos conditions de vie à celles de l'ère de la préhistoire.

Enfin, je vous invite à revenir à notre examen de quelques éminents praticiens de Rêves qui ont contribué aux progrès scientifiques, politiques et sociaux de notre Humanité. Prenons pour exemple Benjamin Franklin. Nous devons reconnaître qu'il était à l'origine d'une idée importante pour les États-Unis : celle de réunir les colonies du pays de son vivant. Mais savez-vous qu'il s'agissait d'un concept déjà mis en œuvre par d'autres voisins des États-Unis ? Les Amérindiens connus sous le nom de la Confédération Iroquoise.

La Confédération Iroquoise était l'union de cinq nations composées des tribus Américaines Indigènes : Mohawk, Oneida, Onondaga, Cayuga et Seneca.

La ligue de la confédération Iroquoise.

Les Rêves de ce leader Iroquois intègre et charismatique, nommé Deganawida (souvent connu sous le surnom de Grand Pacificateur), ont donné l'inspiration pour la création de la Confédération Iroquoise. En s'appuyant sur ces Rêves, les Cinq

Nations (tribus), (qui pendant des années se sont opposées dans des génocides sanguinaires, des guerres tribales), ont fini par développer un esprit ouvert et une profonde sagesse afin de coopérer et collaborer ensemble. Ils surent mettre fin à cette époque sanglante qui les divisa pendant des décennies, au risque d'une destruction totale de leur race.

Si vous choisissez de suivre leur attitude de bonne volonté à servir la Vie, peut-être seriez-vous plus apte « à apprendre à vous connaître », axiome devenu une valeur importante dans notre société ; serez-vous plus capable de reconnaître la valeur des Autres et ainsi devenir apte à résoudre d'autres mystères ou problèmes de Vie ?

Que vous soyez engagés dans des recherches scientifiques ou non, vous aussi peut-être avez-vous eu des songes : Rêves qui pourraient susciter un travail scientifique, que vous n'avez pas pris en considération jusque-là.

En lisant ce livre, vous devez commencer à vous interroger sur les théories actuelles concernant le changement climatique, tout en découvrant (avec moi) la solution possible pour résoudre un problème incontournable : la détérioration du champ magnétique (encore appelé bouclier de la Terre), cause de l'extinction graduelle de ce champ, étroitement lié au noyau de la terre. *

Dans mes recherches, en suivant les intuitions portées par mes Rêves, il apparaît clairement que c'est le bouclier magnétique qui est le responsable du changement climatique et menace le futur de la population mondiale.

En résumé, vous allez apprendre avec ce livre, parmi tant d'autres choses, et ceci quelle que soit votre éducation, comment la planète Terre avait été sauvée grâce à la sagesse et aux connaissances scientifiques des précédentes civilisations peu connues, mais technologiquement avancées, celles du peuple de l'Atlantide et de Mu.

Il existe des archives mentionnant l'existence de ces anciennes civilisations. Selon la légende, elles ont régné sur Terre des milliers d'années avant notre histoire connue. Alors même que ces grandes civilisations ne sont plus physiquement disponibles pour nos recherches, néanmoins les restes de leur sagesse scientifique continuent à exister sous formes de structures mégalithiques ou de sites archéologiques ; mais beaucoup plus à travers les Pyramides que nous allons explorer dans les pages suivantes.

« Le monde ne sera pas détruit par ceux qui font du mal, mais par ceux qui le regardent sans rien faire. »

-Albert Einstein [2]

« Dans chacune de nos délibérations, nous devons considérer l'impact de nos décisions sur les sept prochaines générations. »

- Deganawida, pacificateur et fondateur de la Ligue Iroquoise. *[3]*

« *Je suis de la race africaine, et dans la couleur qui est naturelle pour eux, du plus profond colorant ; et c'est dans le sens de la plus profonde gratitude au Seigneur Suprême de l'Univers.* » [4]

-Benjamin Banneker

« Je me réjouis toujours d'entendre parler de votre être employé dans les recherches expérimentales de la nature, et du succès que vous connaissez. Le progrès rapide que la vraie science fait maintenant, provoque quelquefois mes regrets d'être né trop tôt : il est impossible d'imaginer la hauteur à laquelle peut être transportée, dans un millier d'années, la puissance de l'homme sur la matière ; nous pouvons peut-être apprendre à déposséder la grande masse de leur gravité, et leur donner la légèreté absolue pour le souci du *transport facile. L'agriculture peut diminuer sa main-d'œuvre et doubler sa production ; toutes les maladies peuvent par des moyens sûrs être empêchées ou guéries (sans exception même celles de la vieillesse), et nos vies être allongées même au-delà du standard antédiluvien. Oh ! Que la science morale était juste un moyen d'amélioration ; que les hommes pourraient cesser d'être des loups pour les autres ; et que les êtres humains pourraient à la longue apprendre ce qu'ils appellent improprement aujourd'hui l'humanité ! »*

- Benjamin Franklin. *[5]*

« *Les lois, dans leur signification générale, sont les relations nécessaires découlant de la nature des choses. Dans ce sens, tous les êtres ont leurs lois : la Divinité ses lois, le monde matériel ses lois, les intelligences supérieures de l'homme leurs lois, les bêtes leurs lois, l'homme ses lois.* » [6]

- Charles Louis de Secondât, Baron de Montesquieu.

RÊVES ET SCIENCE: RENÉ DESCARTES

Afin de commencer votre voyage en ma compagnie à travers ce livre (quelle que soit votre foi religieuse, votre croyance scientifique, votre milieu social et votre éducation), je souhaiterais tout d'abord vous présenter le pouvoir des Rêves et la suprématie que possèdent certains. Pour ce faire, je vous invite à retourner avec moi dans le passé : apprendre comment les Rêves de René Descartes, philosophe français du 17ième siècle, mathématicien et scientifique, génie qui a fait la découverte et l'assemblage d'hypothèses fondamentales ont constitué la base du processus de notre système scientifique moderne.

Comme témoigne le Professeur Vroom Jack Rochford dans son livre intitulé "René Descartes : A Biography - René Descartes : Biographie", « *Descartes a trouvé plusieurs de ses pistes et de ses inspirations scientifiques à travers ses Rêves.*

…*Dans un premier Rêve qui fut un cauchemar, il se doutait que c'était peut-être l'œuvre d'un mauvais génie, d'un fantôme apparu derrière lui qui le terrifiait alors qu'il marchait dans les rues. Il fut obligé de tourner sur sa gauche afin d'arriver à la place où il voulait aller, mais il sentait une grande faiblesse du côté droit de son corps, ce qui l'a empêché de tourner, alors s'étant penché il remarqua que le vent qui le tourmentait était devenu moins violent.*

Presque immédiatement un second Rêve lui est apparu qui lui faisait entendre uniquement un bruit perçant, comme un coup de tonnerre. Terrifié, il ouvrit les yeux et il vit un grand nombre d'étincelles de lumière autour de lui dans sa chambre. Cela lui était arrivé avant…

Son troisième Rêve, contrairement aux deux premiers, n'avait rien de terrifiant, mais c'était plus compliqué. Cette fois-ci, il a remarqué un livre sur sa table. Qui l'y avait placé, il ne savait pas. En ouvrant le livre, il a été ravi de découvrir que c'était un dictionnaire et pensait qu'il pourrait lui être utile. Au même moment, il a découvert un autre livre, étant surpris comme pour le premier, ne sachant d'où il venait.

Pendant qu'il dormait encore, il a commencé à interpréter la signification de tout ce qui s'était passé. Il a jugé que le dictionnaire représentait toutes les sciences amassées ensemble...

...Ensuite, doutant s'il rêvait ou s'il méditait, il s'est réveillé et a continué l'interprétation de son Rêve sur les mêmes lignes. Le poème 'Est et Non', qui était ' le Oui et Non' de Pythagore comprenait la Vérité et la Fausseté dans les connaissances humaines.

Voyant que l'application de tous les éléments de son Rêve concourait vers une interprétation logique qui coïncidait à son entendement, il a compris que c'était l'Esprit de Vérité qui *l'illuminait en l'ouvrant les trésors de tout le futur des sciences par ce Rêve. » [7]*

Nous apprécions la sagesse de Descartes, celle d'un esprit ouvert, curieux, son discernement lui permettant d'interpréter finement ses trois Rêves. En raison de son attention et de son attitude face aux compétences des Rêves, avec sa volonté d'être à la recherche de la Vérité, Descartes a été capable d'accepter ces dons de Rêves, de les interpréter par ses propres mots, lui-même servant de canal divin, de tremplin pour réaliser un changement scientifique du monde.

Ce don d'esprit est devenu la réflexion fondamentale sur laquelle la science moderne a été capable de fleurir. A l'heure actuelle, nous tenons dans nos mains et dans nos résidences et bureaux ces nouvelles formes d'outils, tel l'ordinateur, nous permettant de prévenir la météo ou réaliser des avancées technologiques et ceci grâce à son interprétation des Rêves, originellement.

Maintenant permettez-moi de voir si d'autres sagesses anciennes pourraient apporter leur éclairage à la compréhension des problèmes scientifiques pour résoudre celui majeur de la planète pour ce siècle.

Image de René Descartes [8A]

« Quand ce n'est pas de notre pouvoir à déterminer ce qu'est la vérité, nous devons suivre ce qui est le plus probable. » -René Descartes *[8]*

QUI A CONSTRUIT LES PYRAMIDES?

De l'Afrique à l'Europe, à l'Asie, en Amérique et ailleurs, ces monuments continuent à exister à travers toute la surface de la planète, et tout le monde se pose la même question:

Qui les a construites?

Parmi tant d'autres structures, nous avons appris à nommer celles-ci : les "Pyramides". Étrangement, malgré le fait qu'elles captivent notre imagination, nous connaissons peu de chose sur elles ; par exemple : qui les a construites ? Pour quelle raison ? Et pourquoi on les appelle Pyramides ?

Pendant plusieurs siècles, par ignorance ou par manque de connaissances, les êtres humains ont vénéré ces inexplicables structures, construites uniquement en pierres massives de différentes qualités, en essayant de déchiffrer leur sens par des concepts qui s'inscrivaient dans le cadre de spiritualité, de l'astronomie, de foi religieuse ou de fantaisie ; interprétation relative à la vision du monde des époques.

Il apparaît que les Pyramides sont des innovations reflétant un esprit d'avancée technologique, selon la vision du monde du 19ième siècle qui a tenté d'expliquer le mode de vie des citoyens de son époque. Il nous appartient actuellement de comprendre entièrement la raison et l'objectif de leur construction et d'apprécier la solution qu'elles peuvent apporter afin de prévenir des catastrophes mondiales inévitables, résultant du changement climatique.

Comme j'ai eu à le constater et à le comprendre durant mes recherches, seulement quelques âmes parmi tant d'autres, sont remplies par l'Esprit de Vérité, capables d'interpréter leur vrai objectif scientifique. Mais cette découverte, cette compréhension, et cette tentative d'expliquer l'objectif scientifique de la construction des Pyramides à l'Humanité sont restées des tâches vaines jusqu'à présent et ceci tout au long de l'histoire. J'espère que mes recherches vous apporteront davantage de faits scientifiques concluants, et *même si j'ai choisi de ne pas révéler la totalité de mes découvertes dans ce livre*, mais que vous m'aiderez à diffuser au monde ce qui m'a été expliqué, afin que je puisse trouver un espace de travail me permettant de partager librement le reste de mes révélations aux gouvernements sérieux et démocratiques, ceci pour le bien de l'humanité tout entière.

La question qui a hanté en laissant tellement perplexe l'humanité depuis l'aube jusqu'au 21ème siècle, est la suivante: "Pourquoi les Pyramides ont-elles été construites ? »

Dans ce livre, à l'aide de la Grâce Divine, je vais donner mes réponses sur la question. Je voudrais souligner encore une fois que les Rêves me sont apparus spontanément et que je ne suis qu'un simple messager.

Bien que nous n'ayons pas découvert de traces évidentes prouvant qui les a construites, au moins deux théories semblent les plus répandues : soit les Pyramides étaient inspirées et construites par des étrangers venus des planètes lointaines, soit elles furent construites par une civilisation appelée Atlantide qui jadis avait colonisé notre planète-terre, et selon la légende se trouverait engloutie principalement au fond de l'océan Atlantique, et dans d'autres mers.

LE POUVOIR DIVIN ET LE SOUVERAIN : THOUTMOSIS IV, LE PRINCE D'ÉGYPTE.

A la lecture de l'histoire des Rêves de René Descartes, nous apprenons que ce savant, comme d'autres nombreux scientifiques, avait une inspiration divine. Ses inspirations lui arrivaient par intuition ou imagination, par Rêves ou visions.

En étudiant attentivement les Rêves de René Descartes, il est raisonnable de déduire que notre société ne serait pas arrivée à ce niveau d'avancement technologique que nous considérons banal aujourd'hui, avec notre regard profond et large à l'égard de la compréhension scientifique et technologique, sans ses intuitions inspirées par Dieu.

S'il y a une possibilité d'existence de ce genre de sagesse qui émane d'un certain nombre d'êtres humains (peu importe s'ils sont génies ou des êtres ordinaires), cette sagesse divine qui se révèle par l'intermédiaire de la puissance des Rêves entraîne des percées scientifiques, par le truchement d'esprits fertiles vers d'autres individus. En fait, nous considérons que ces Rêves de sagesse ont probablement influencé « la construction des Pyramides. »

Je voudrais également proposer l'hypothèse que le même pouvoir supérieur ou la conscience divine a maintenu les Pyramides vivantes, dans notre imagination et dans notre conscience, depuis l'achèvement des « Pyramides » jusqu'à ce jour.

Il est actuellement dans notre responsabilité partagée d'identifier leur objectif scientifique, de reconstituer leur fonction, celle qui a été pratiquée dans le passé par des inconnus ou par des civilisations méconnues. Nous devons redécouvrir et apprendre l'utilité des Pyramides dans le domaine de la connaissance scientifique, en construire encore quelques-unes afin de les utiliser dans l'objectif de sauver la Terre de la catastrophe climatique imminente ; car elles ont été apparemment oubliées dans le temps jusqu'à l'enregistrement écrit de notre document qui permet de comprendre l'objectif exact pour lequel elles ont été construites.

Il est aussi possible que ce fut le même pouvoir supérieur de la conscience divine qui a parlé au Prince d' Égypte, Thoutmosis IV, au nom du Sphinx. Concernant ce sujet, j'ai quelques points à étudier:

- Pourquoi le Sphinx a-t-il été construit si près de la Pyramide de Gizeh, sinon pour attirer notre attention sur une autre raison scientifique, celle qui nous échappe car nous ne sommes pas encore prêts à l'apprendre jusqu'à maintenant ?

- Et si le Sphinx avait été abandonné et laissé enterré sous les sables du désert d'Égypte ?

- Aurions-nous pu apprendre plus sur les Pyramides sans le Sphinx lors de nos temps modernes ?

- Pourquoi le Sphinx a-t-il été conservé ?

Afin de trouver les réponses à ces questions, nous devons tenter de retourner en arrière, en Égypte. Nous devons être en mesure d'apprendre comment le Sphinx a été sauvé de l'avalement des sables du désert, en lisant cette histoire particulière dans le document «The Tuthmosis IV Dream Stele - Stèle du Rêve de Thoutmosis IV ».

« Un jour, il arriva que le fils royal Thoutmosis alla se promener à l'heure du midi; il s'allongea et resta à l'ombre de ce grand dieu, alors le sommeil s'empara de lui.

Il rêva dans son sommeil, au moment où le soleil était au zénith, il lui sembla que la majesté de ce dieu vénérable qui parlait de sa propre bouche, comme un père parle à son fils en lui disant : « regarde-moi, jette un regard sur moi, ô mon fils Thoutmosis, je suis ton père Harmachis-Khepri-Rê-Atoum. Je te donne la royauté...et tu porteras la couronne blanche et la couronne rouge sur le trône de Terre-dieu-Geb, le plus jeune (parmi les dieux).

Le monde t'appartiendra dans sa longueur et sa largeur ainsi que tout ce qu'illumine l'œil du Maître de l'univers. L'abondance et la richesse seront à toi ; le meilleur de l'intérieur du pays et les riches tribus de toutes les nations ; de longues années vous seront accordées au terme de votre vie. Mon visage t'accorde sa grâce et mon cœur s'accroche à toi; [Je te donnerai] le meilleur de toutes les choses.

Le sable du désert sur lequel je mène mon existence me couvre. Promets-moi que tu feras ce que j'ai comme envies dans mon cœur; alors je saurai si tu es mon fils, mon protecteur. Va de l'avant. Laisse-moi être uni avec toi. Je suis…

Après cela, [Thoutmosis se réveilla et répéta toutes ces paroles,] et il comprit (la signification) des paroles du dieu et les garda dans son cœur, parlant ainsi pour soi - même…» [9]

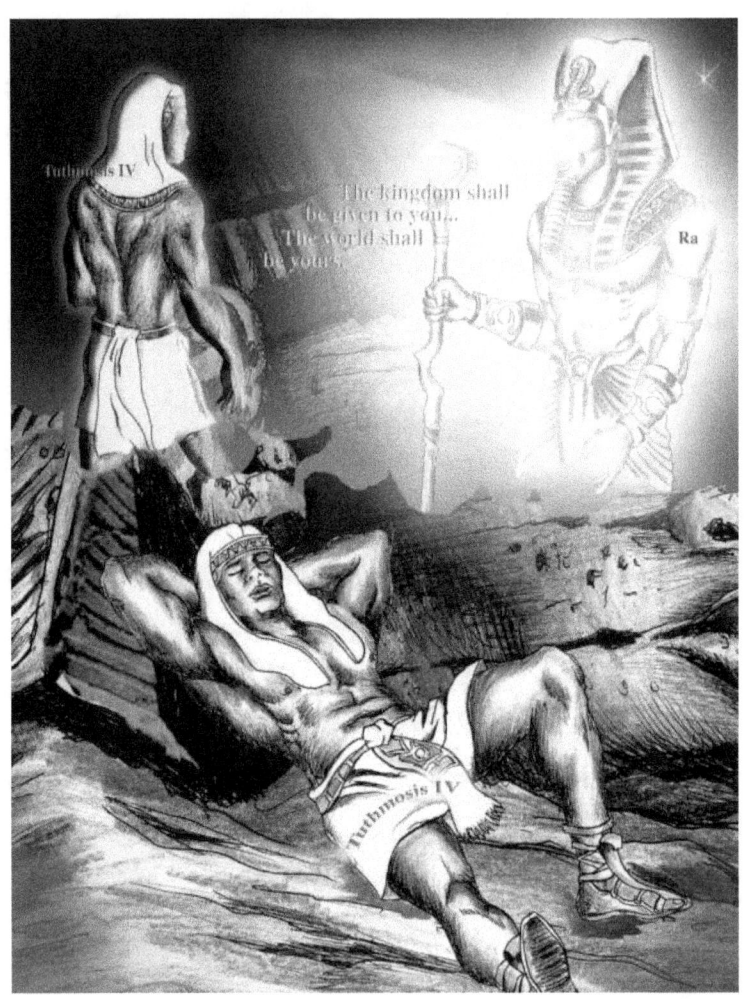

Et ainsi, le sable qui entourait le Sphinx fut enlevé. Cela le protégeait d'un engloutissement sous les sables du désert.

Sans le Rêve de Thoutmosis et sa sagesse à écouter et à traduire précisément la requête du Dieu Ra dans son Rêve, nous n'aurions peut-être jamais entendu parler de l'existence du Sphinx dans notre monde moderne. Peut-être dans le proche futur, allons-nous identifier son lien avec la Pyramide de Khéops ?

Peut-être, d'autres Rêves faits par des personnes inconnues, engagées ou non à résoudre le mystère des Pyramides, vont apporter d'autres témoignages et enfin peut être que d'autres Pyramides ont survécu au fil des siècles et sont enterrées dans les sables du désert d'Égypte, ou ailleurs ? Récemment nous avons découvert l'existence d'autres pyramides au Soudan, au Mali, en Bosnie, à l'Ile Maurice, aux Iles Canaries, aux U.S.A... (grâce aux recherches du Dr. Sam Osmanagich). Qui aurait donc imaginé ce qui pouvait être connu et découvert dans le passé et ce qui sera découvert dans le proche futur ?

Mais au moins *nous connaissons*, à la suite du Rêve raconté par Prince Thoutmosis, que l'invisible voix du divin peut nous parler par l'intermédiaire de notre univers des Rêves ; le but fondamental est d'apporter un changement positif de conscience personnelle ou collective en vue de l'évolution (morale, intellectuelle, artistique, sociale, scientifique, philosophique, spirituelle ou religieuse, politique...etc.) de toute sa Création, c'est-à-dire de l'humanité entière. Cela peut arriver à tout un chacun, sans distinction de foi, de vie ou de position sociale.

Ainsi, mes histoires de Rêve ont un précédent historique. Maintenant, permettez-moi de vous expliquer, chers lecteurs, comment cela m'est arrivé à moi-même.

COMMENT TOUT A COMMENCE?

Un des premiers Rêves que je pourrais relater sur les Pyramides, s'est produit au début du mois d'août 2011, pendant que j'étais occupé à faire des recherches afin de recueillir du matériel pour l'écriture du tome 2 de mon précédent ouvrage, publié actuellement en anglais et intitulé : "The Power of Musical Sound : How Music Affects Our State of Mind, Health and Society - Le Pouvoir du Son Musical: De quelle manière la Musique peut influencer notre État d'Esprit, notre Santé et notre Société ». Ce livre est sur le point d'être publié en langue française.

Si vous souhaitez obtenir un exemplaire, contactez-moi sur notre site internet :www.classicalmusicforchildren.org.

J'étais occupé ce jour-là à faire la sélection des meilleurs articles et thèses écrites sur la musique vocale et leurs diverses influences sur l'être humain et dans la « civilisation ».

Cette nuit-là, dans ma chambre dans la ville de Snohomish (de l'État de Washington), après avoir terminé mon travail, je me suis endormi ; je fis alors un Rêve qui n'avait aucun sens pour moi…

Dans mon Rêve, j'ai entendu appeler le nom de "Montesquieu", alors que j'étais tout seul, c'était comme si on m'appelait par le nom de quelqu'un d'autre. J'étais un peu confus car mes amis m'appellent soit Christian ou Bernard; et comme il n'y avait personne d'autre que moi dans le Rêve, je compris que L'Esprit de Vérité attirait mon attention en appelant ce Nom.

Ensuite, dans un Rêve qui suivit, j'ai vu une figure géométrique de carré qui était dessiné en face de moi et j'ai entendu une voix qui me demandait quel était son périmètre.

Quand je me suis réveillé, j'ai écrit le Rêve tout en essayant de comprendre ce que L'Esprit de Vérité (La Force Divine) me transmettait.

Ce Rêve où l'on m'appelle « Montesquieu » était difficile à décoder pour moi, à cette époque. Ensuite, je me suis souvenu qu'au collège, en Afrique, j'avais appris dans mes cours de philosophie que

Montesquieu était un philosophe français, connu sous le nom de «
Baron de Montesquieu », mais j'avais oublié ce qu'il avait bien pu
réaliser de positif pour le monde.

J'ai recherché sur internet des documents relatifs à lui, et je
suis allé commander à la librairie de mon quartier (la Libraire de
Snohomish) un exemplaire de son fameux ouvrage "L'esprit des
Lois". En faisant plus de recherches sur Le Baron de Montesquieu,
j'ai découvert que les leaders de la Révolution Française et
Américaine s'étaient inspirés de ses œuvres.

J'ai cru réalisé que le Rêve sur Montesquieu me guidait pour comprendre, de quelle manière insérer certaines de ses idées dans mon livre sur « l'éducation musicale » qui traitait plus particulièrement des effets de la musique vocale sur notre civilisation. Mais honnêtement parlant, je n'ai pas encore réalisé pleinement pourquoi ai-je été appelé par ce nom. Peut-être cette compréhension est-elle scientifiquement liée au modèle des Pyramides ? Intuitivement, je relie les écrits de Montesquieu à un aspect de la construction des Pyramides.

Le second élément du Rêve, concernant la figure géométrique, le carré et son périmètre, est resté un grand mystère pour moi. Détendu, j'ai arrêté d'y penser, tout en considérant que j'aurai la signification de ce Rêve quand le temps viendra. Cela pourrait durer des jours, des semaines, des mois, voire des années.

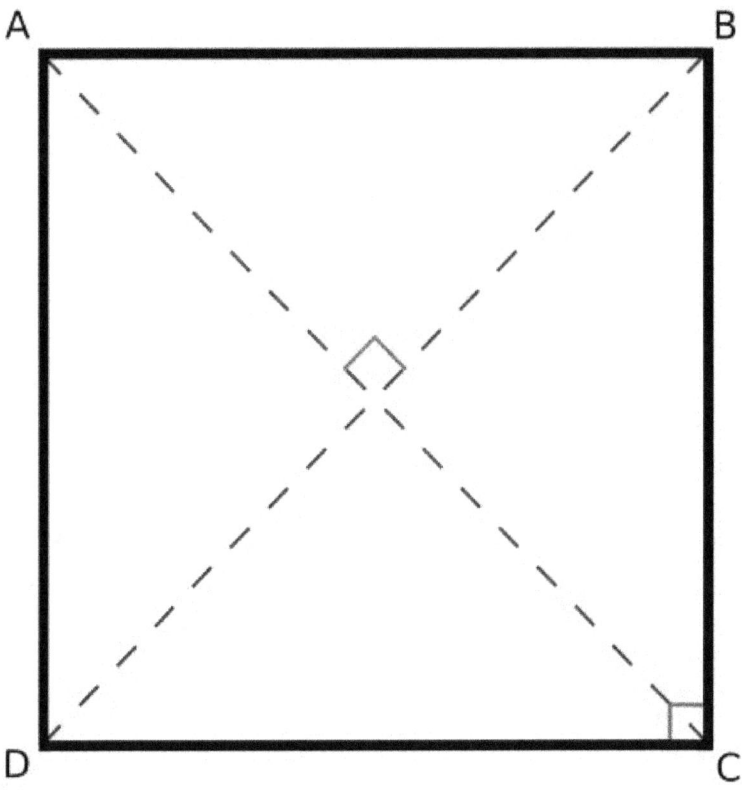

PERIMETRE DU CARRE = COTE*4

LE CADEAU DE LA PYRAMIDE

Ensuite, le 31 Août 2011, jour de mon anniversaire, je me demandais où devrais-je aller pour le fêter. C'était mon premier anniversaire aux États Unis *où* je ressentais le désir de célébrer ce jour, depuis mes douze ans d'aventure et de séjour dans ce beau continent, symbole de la liberté et des droits de l'homme. Sans argent et sans petite amie à cette époque, j'ai enfin décidé de le passer comme un jour ordinaire. Et la nuit, dans une expérience inattendue « d'en dehors du corps » ou, peut-être, devons-nous l'appeler une expansion de la conscience spirituelle de l'Ame, je voyageais en Égypte avec le Maître des Rêves, et soudainement l'Égypte apparut dans ma vision intérieure.

Je dois souligner un fait ici : en qualité d'étudiant des Enseignements Spirituels de la science d'Eckankar - ancienne sagesse spirituelle d'aujourd'hui - j'ai un professeur du Nom de Mahanta, le Maître ECK Vivant. Voici sa photo et celle de son Temple aux U.S.A. [11]

Il est mon professeur intérieur en tant que Maître des Rêves, et extérieur à travers ses écrits en tant que le Maître ECK Vivant depuis 25 ans. Quand il apparaît dans mes Rêves pour m'enseigner les multiples aspects de la manifestation de l'Esprit de Vérité ou de l'amour du Divin Créateur, ainsi que ses principes ou lois spirituelles de la vie, il s'appelle le Mahanta, l'instructeur spirituel (le Maître Intérieur ou le Maître de Rêves).

Dans l'ancienne Égypte, le Mahanta, la conscience du Créateur (Le Divin) sur terre, était connu sous le Nom de Dieu Ré (Ra), Amon-Ra, Dieu du Soleil, Osiris et Iris; etc. tout comme il fut aussi connu dans l'ancien Mexique sous le nom de Quetzalcóatl, également de Zeus pour les Grecs Anciens, et sous d'autres nominations dans d'autres civilisations. Cette nuit-là, quand le Maître des Rêves était venu me visiter dans mon sommeil, j'étais surpris de le voir, car il ne m'avait pas honoré de sa présence depuis bien longtemps.

Le Maître des Rêves ou la conscience de Dieu, apparaît souvent dans les Rêves des Ames, comme un ange indépendamment de la foi religieuse de l'individu. Mais souvent, il se manifeste sous l'apparence physique du Professeur principal des Enseignements Spirituels dont je suis l'étudiant.

C'est donc cette conscience spirituelle qui m'était apparue ou qui apparaît à ses étudiants et aux autres Ames dans l'espace et le temps, pour leur apporter plusieurs formes de bénédictions spirituelles personnelles ou pour l'intérêt de l'humanité. Cette conscience divine est souvent associée à l'étoile à six branches comme cela est présenté dans la photo ci-dessus. Mais dans mon Rêve, il m'a visité en tant que Maître des Rêves.

Ainsi, il m'invitait intuitivement à voyager avec lui par le biais de ma vraie nature spirituelle (âme ou esprit de lumière vivant dans un corps physique), pendant que mon corps physique était endormi dans ma ville (Snohomish). Ensemble, nous nous sommes retrouvés en Égypte à l'intérieur de la Pyramide de Khéops.

Une fois à l'intérieur de l'édifice, j'étais surpris et ébahi : c'était un choix de visite un peu inattendu de la part de la Conscience du Divin, car je n'avais jamais eu un intérêt particulier pour les Pyramides ; je ne pouvais imaginer un voyage spirituel en compagnie de la conscience divine dans une pyramide. Qu'est-ce qui pouvait bien y avoir de spirituel pour moi d'apprendre dans cet édifice massif en pierre ? Je m'interrogeais intérieurement; car surtout, je n'avais jamais porté d'intérêt à leur existence. Et j'étais là, surpris par le choix du lieu de visite par la Conscience suprême Divine.

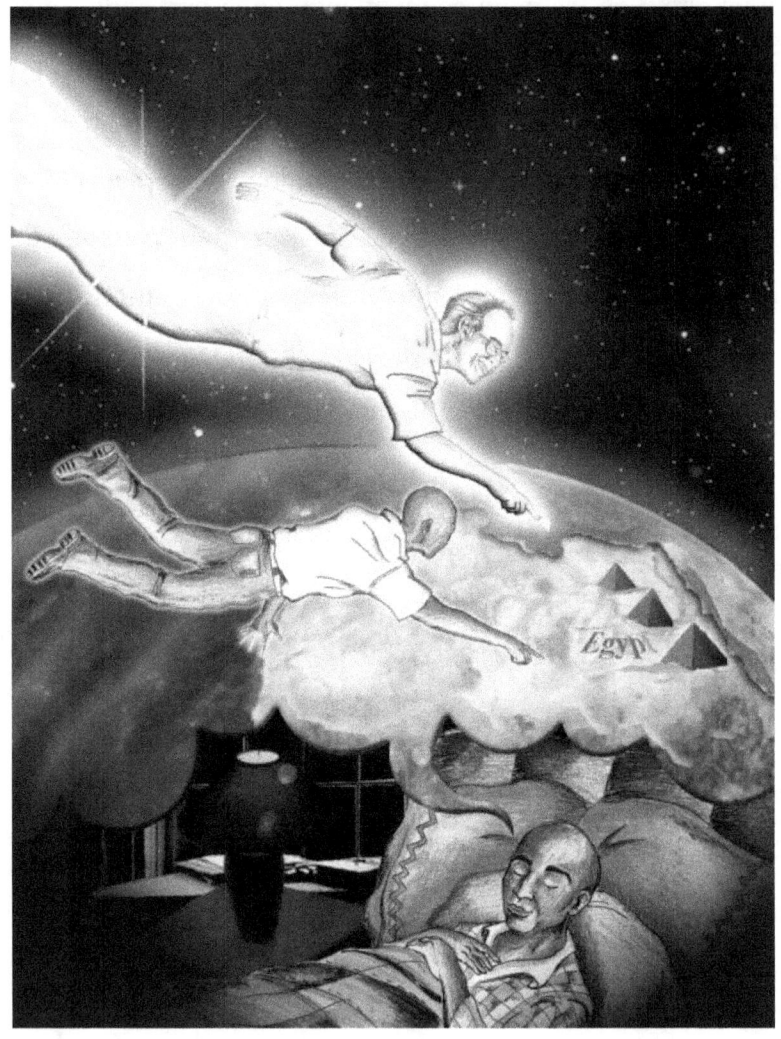

Je regardais le sommet de la Pyramide de Khéops dans un état de conscience éthéré, en remarquant que la Pyramide de Khéops n'avait pas de toit mais plutôt une ouverture montrant une partie de l'univers avec ses nombreux cieux et des figures géométriques que je ne saisissais pas. Il y avait des figures géométriques complexes.

N'étant pas un mathématicien, je les ai trouvées plus complexes et troublantes que tout ce que j'avais vu ou considéré auparavant, ou observé dans les films de science-fiction.

Tant que nous nous trouvions à l'intérieur de la Pyramide de Khéops, le Maître des Rêves ne me disait rien. Il restait simplement silencieux, me permettant ainsi de prendre plaisir à cette expérience d'être gratuitement à cet endroit, à la découverte de ses merveilles, pour la première fois de ma vie. J'étais heureux, étonné et reconnaissant d'être invité par le Maître des Rêves dans ce bâtiment de pierre. Soudainement, une voix venue du sommet de la Pyramide, que je nommerai ici l'Esprit de Vérité, gardien de la conscience de la Pyramide, a commencé à nous parler et nous l'avons écouté tranquillement. La voix s'exprimait à moi.

Quand la voix s'est arrêtée à parler, c'était ensuite le tour du Maître des Rêves à parler, il restait silencieux depuis que nous y étions arrivés. Comme le Maître des Rêves parlait de la Pyramide, je l'écoutais attentivement sans l'interrompre malgré mon désir de lui poser plusieurs questions. Le lendemain matin, à mon réveil, je n'arrivais toujours pas à y croire, et je suis resté comme pétrifié sur mon lit, essayant d'absorber et de comprendre le sens de mon expérience.

Finalement, après avoir absorbé, accepté et reconnu l'expérience avec mes sens physiques dans la Pyramide, je compris donc que, hélas, c'était un énorme cadeau que le Maître des Rêves m'avait fait. Mais je savais aussi que par le biais de cette expérience nommée « en dehors du corps » (expansion de la conscience de l'âme) que la Conscience de Divin, le Maître des Rêves me transmettait quelque chose de très profond dont je devais décoder le sens par mes propres moyens ; mais pour l'instant je ne comprenais rien. Il y avait probablement une raison supérieure qui entrait en ligne de compte, malgré toute la sagesse reçue au cours de cette rencontre dans la Pyramide.

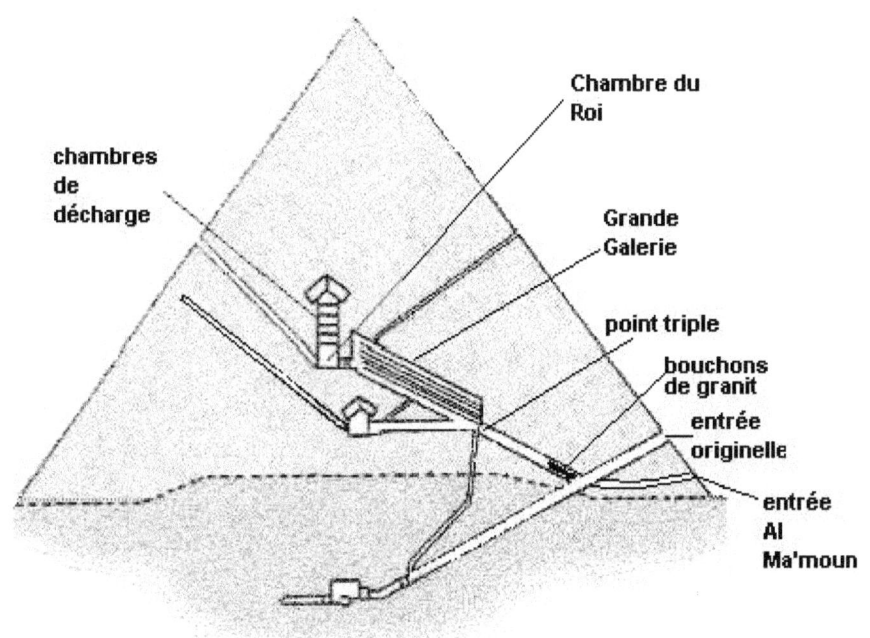

Image de la pyramide de Khéops. [12]

Mais cependant, pris par une ardente curiosité, essentiellement après avoir entendu la voix du Maître des Rêves qui me parlait au sujet de la Pyramide, j'ai décidé que c'était important, peut être primordial, de décoder le sens de ce Rêve.

En effet, le Maître des Rêves ne m'avait pas dit exactement ce qu'il attendait de moi. J'avais déjà entrepris l'écriture de mon deuxième livre dont il m'avait inspiré l'écriture. Je ne pensais pas qu'il me demandait d'arrêter de rédiger ce livre pour pouvoir commencer à me pencher sur le sujet des Pyramides. Et s'il me demandait de le faire, c'était pour quel motif ?

REPONDRE A L'INVITATION

Après avoir longuement réfléchi à l'invitation de la Conscience Divine qui m'avait conduit à l'intérieur de la Pyramide, j'ai réalisé que j'avais bel et bien reçu un nouveau devoir spirituel. J'ai donc arrêté l'écriture du second livre, afin de me concentrer sur l'apprentissage des Pyramides. Honnêtement, je n'étais pas prêt pour une nouvelle aventure spirituelle avec les Pyramides, car depuis trois mois, je vivais dans l'État de Washington où je n'avais pas trouvé d'emploi : mais j'ai commencé à réaliser que c'était l'Esprit de Vérité qui m'empêchait de trouver du travail. Je comprenais que c'était son objectif de me garder pleinement disponible pour me concentrer davantage sur cette nouvelle mission, assignée par le Divin Créateur, par le biais de son serviteur le Maître des Rêves.

Dorénavant, il semblait que j'allais passer la plupart de mon temps à faire des recherches sur la Pyramide de Khéops. Et comme cette mission était un cadeau du Divin pour mon anniversaire, j'ai décidé de l'accepter volontiers comme défi spirituel à moi-même.

Je suis donc allé à plusieurs reprises à la bibliothèque locale de Snohomish et à la bibliothèque centrale de Seattle. Là-bas, j'ai loué plusieurs DVD et des livres traitant du sujet des Pyramides.

Comme je passais beaucoup de temps à lire et à rechercher les
œuvres des anciens chercheurs (qui ont exploré précédemment le
mystère de la Pyramide de Khéops), j'ai commencé à remarquer un
point commun qui liait les pyramides; quelque chose qui a attiré tous
mes sens intérieurs : le soleil et l'existence de la formule
mathématique de Pi et du nombre d'or. Mes observations ainsi que
mon intuition intérieure, développées au fil des années par mes

études, via l'Enseignement que je pratique, semblaient définir le soleil comme connexion primaire avec la Pyramide. Peut-être que cette compréhension ne venait que du simple fait de mon attitude et attention dans mes recherches. Mais peu importe d'où me venait cette réalisation, du moins, c'était une évidence ; il devenait de plus en plus clair et précis dans mon esprit que le soleil était principalement lié à la construction des Pyramides.

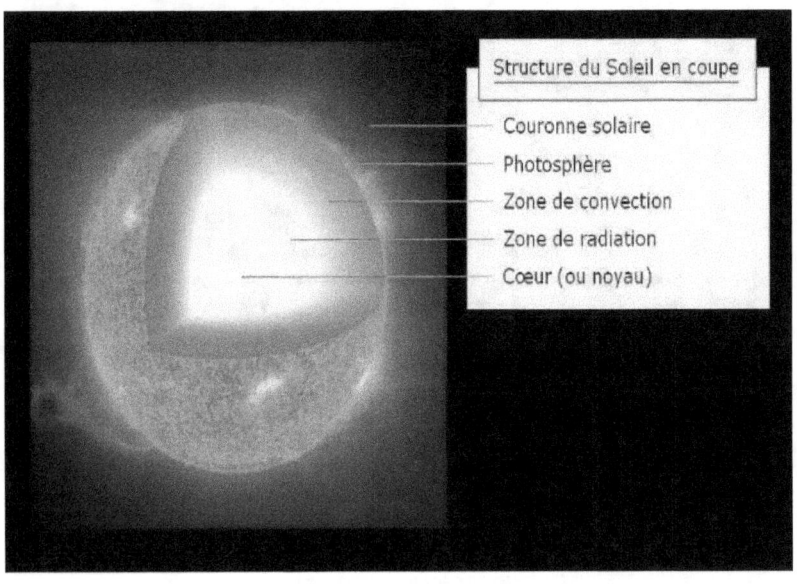

« Le **Soleil** est composé d'_hydrogène_ (74 % de la masse ou 92,1 % du volume) et d'_hélium_ (24 % de la masse ou 7,8 % du volume). Bien que le Soleil soit une étoile de taille moyenne, il représente à lui seul environ 99,86 % de la masse du Système solaire. Sa forme est presque parfaitement sphérique, avec un aplatissement aux pôles *estimé à neuf millionièmes, ce qui signifie que son diamètre polaire est plus petit que son diamètre équatorial de seulement dix kilomètres »* [13]

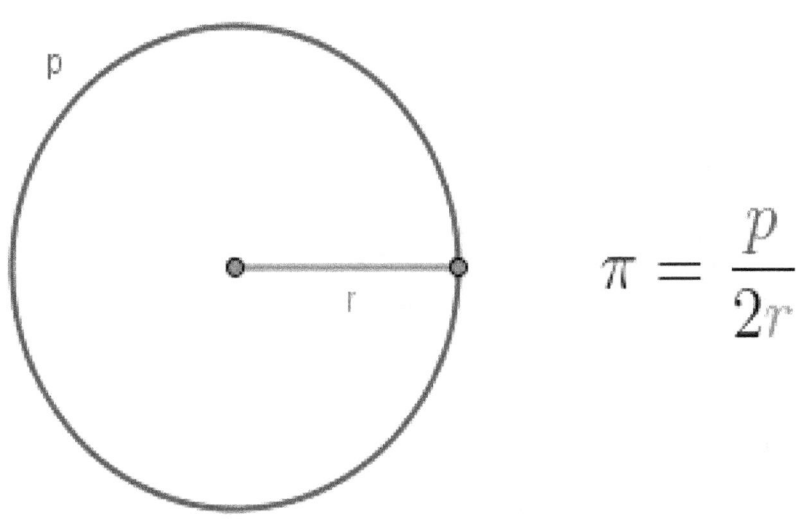

« La formule donnant le périmètre p d'un cercle par rapport à son rayon r s'apprend dès le plus jeune âge : p=2πr, où π est un nombre valant "trois quatorze". En renversant l'égalité p=2πr, on trouve que, pour n'importe quel cercle, on aura π=p/2r. Les premiers calculs déterminant π se basent la dessus : si on approche suffisamment p et r, on peut trouver une valeur intéressante pour pi. π ≈ 3.141592 » [14]

Plus tard, j'ai appris davantage sur la figure géométrique carrée et son périmètre, utilisée pour construire la Pyramide. C'est grâce à ces informations supplémentaires sur sa structure que j'ai commencé à réaliser le bien-fondé du Rêve que j'avais fait. Je suis devenu encore plus enthousiaste et désireux d'apprendre d'une façon plus approfondie sur le thème « la Pyramide de Khéops ».

De surcroit, si je n'ai jamais été en Égypte jusqu'à ce jour, sauf à travers de cette expérience « en dehors du corps », j'ai trouvé néanmoins des documents gratuits et disponibles en vidéos et sur internet, réalisés par d'autres chercheurs qui travaillent sur le sujet des pyramides ; ils m'ont éduqué et permis d'approfondir ma connaissance des pyramides. J'ai été particulièrement séduit par les matériaux de la maison d'éducation sur les Sciences NOVA, qui ont largement amélioré ma compréhension sur ce thème.

Ces programmes éducatifs sur la pyramide de Khéops m'ont permis de voir l'intérieur de la Pyramide en vidéo. En regardant l'une d'elles j'ai reconnu facilement l'endroit, à l'intérieur de la Pyramide, où j'ai eu la chance d'être présent en état de Rêve.

Les éléments de mon Rêve retrouvaient petit à petit leur sens, tout en me faisant ainsi réaliser la nature du don du Maître des Rêves. La conscience Divine m'offrait un énorme cadeau à moi et à l'Humanité, celui de résoudre les mystères des Pyramides. Même maintenant, quand je dis cela, je ne peux y croire que c'est moi qui prononce ces mots. Mais c'est maintenant que je crois sincèrement grâce à l'inspiration divine, avec toutes les difficultés et obstacles que j'ai dû surmonter aux États Unis en transmettant ce message aux Scientifiques américains et hommes politiques ainsi qu'aux medias, que vraiment, j'étais assigné pour cette tâche. Jusqu'à présent je ne me suis pas découragé, au prix d'avoir sacrifié ma vie matérielle (mon travail, ma vie sociale, etc.) depuis maintenant plus d'un an. In fine, je me suis rendu en Europe, notamment en France et plus tard en Afrique, dans le but de trouver des sponsors dans les milieux politiques et scientifiques, pour qu'ils m'aident dans mon projet : comprendre d'avantage les sciences des pyramides dans le but ultime de servir l'humain.

Rempli de gratitude pour avoir été choisi par le Divin, parmi les êtres humains, je me suis appliqué de plus en plus avec assiduité vis-à-vis de mon objectif : apprendre beaucoup plus sur les Pyramides. Finalement, je me suis engagé dans cet apprentissage durant toutes les semaines suivantes ; en conséquence, l'Esprit de Vérité me révéla graduellement trois fonctions fondamentales rigoureuses émanant des Pyramides.

J'avais reçu ces informations durant deux nuits et il m'a fallu au moins trois mois pour comprendre entièrement chaque élément de cette révélation. À la fin du mois d'Octobre 2011, après avoir assisté à la conférence annuelle d'inspiration spirituelle tenue par Harold Klemp à Minneapolis, durant mon voyage dans le bus, *où* je pouvais me relaxer et méditer sur certains aspects scientifiques des pyramides, j'ai découvert que j'étais déjà capable de réaliser et de comprendre la terminologie spécifique de trois aspects scientifiques des Pyramides : ceux qui m'ont été révélés dans les Rêves.

LA CONSTRUCTION SCIENTIFIQUE DES PYRAMIDES

L'Esprit de Vérité m'avait déjà transmis en Rêve le fait que les Pyramides avaient été construites en application du concept de batterie.

Arrêtons-nous un peu ici. Je ne suis pas une personne de formation technique dans l'électricité. J'espère sincèrement que les personnes qui vont lire ce livre auront les connaissances techniques pour être en mesure de comprendre cette discussion. Au cas où vous n'avez pas de formation scientifique, et que vous lisiez ce livre inspiré par votre propre curiosité et intérêt, je vous invite d'abord à comprendre ce qu'est une batterie.

Aussi j'ai donc pu trouver l'une des meilleures réponses ou explications simples, dans le livre de David Linden : « Handbook of Batteries - Manuel des batteries ». [15]

« Une batterie est un dispositif qui convertit directement l'énergie chimique contenue dans ses matières actives en énergie électrique au moyen d'une réaction d'oxydation-réduction électrochimique...

Ce type de réaction implique le transfert d'électrons d'un matériel à un autre par un circuit électrique. Dans une réaction non électrochimique d'oxydo - réduction, comme la pression ou la flamme, le transfert d'électrons a lieu directement et uniquement grâce à la chaleur ...

Alors que le terme de la «batterie» est souvent utilisé, l'unité de base électrochimique reste la " cellule ". Une batterie est composée d'une ou de plusieurs de ces cellules, connectées en série ou en parallèle, ou les deux, en fonction de la sortie de tension désirée et de sa capacité.

La cellule est composée de trois éléments principaux:

1. *L'anode, ou l'électrode négative - l'électrode qui fournit des électrons dans le circuit externe. Elle est oxydée au cours de cette réaction électrochimique.*

2. *La cathode, ou l'électrode positive, - l'électrode qui accepte des électrons provenant du circuit externe. Elle est réduite au cours de cette réaction électrochimique.*

3. *L'électrolyte, ou le conducteur d'ions fournit le moyen pour transférer des électrons, sous forme d'ions, à l'intérieur de la cellule entre l'anode et la cathode. L'électrolyte est généralement un liquide, tel que l'eau ou un autre solvant, avec des sels dissous, les acides, ou les alcalis afin de conférer une conductivité ionique. Certaines batteries utilisent des électrolytes solides, qui sont des conducteurs ioniques agissant dans la température de fonctionnement de la cellule ».*

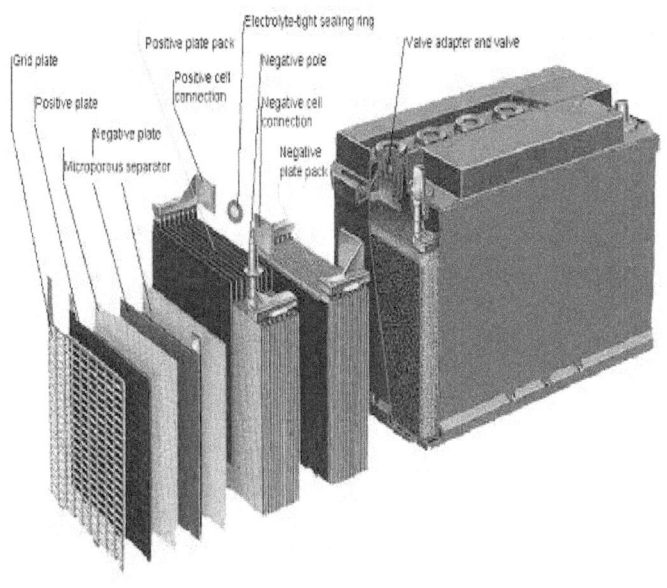

Image [16]

Menant mon enquête sur la nature des Pyramides, j'ai commencé à reconnaître que les positifs (+) et les négatifs (-) des pôles ou des électrodes sont respectivement représentés comme étant la chambre du Roi et celle de la Reine. Mon enquête a également confirmé le fait évident apparu dans mon Rêve, celui de la fonction de Pyramide en qualité de batterie.

Christopher Dunn, l'auteur du best-seller "The Giza Power Plant - Gaza, la centrale électrique" traite le sujet des Pyramides. Il est ingénieur avec plus de 45 années d'expérience aux USA. Au cours des 28 dernières années, il a publié de nombreux articles dans des revues scientifiques, en présentant son travail dans plusieurs films documentaires. Il est également membre du conseil consultatif de

« The *Great Pyramid of Giza Research Association.* - *L'association de la Recherche de la Grande Pyramide de Gizeh* ».

S'agissant de la Pyramide, j'ai trouvé un article sur internet du même auteur, intitulé « *La preuve qui entraîne à la porte de Gantenbrink* ». Il y souligne les éléments qui caractérisent la batterie de notre temps moderne. Sa réflexion fournit une base technique solide pour ma théorie. Ainsi Dunn souligne dans l'article précédent :

« *...les chambres se transformant en sel comme le résultat de l'interaction entre l'acide chlorhydrique et le carbonate de calcium (calcaire), produits par lesquelles la chambre est composée. Cette chambre est la seule dont les murs et le plafond sont faits de sel. Le mur avait été construit à environ d'un pouce d'épaisseur par endroits.* »

Il précise : « Dans *Giza, la centrale nucléaire, je mentionne les résultats obtenus en 1978 par le bureau de géologie et de la technologie des minéraux d'Arizona qui a fait une analyse chimique de ce sel. Il a trouvé qu'il s'agissait d'un mélange de carbonate de calcium (calcaire), du chlorate de sodium (sel gemme ou sel), et le sulfate de calcium (gypse, également connu sous le nom de Plâtre de Paris). Patrick Flanagan, docteur en Sciences a recueilli les échantillons certifiant leur origine. Les fonctionnalités trouvées dans la Chambre du Roi m'ont conduit à proposer l'utilisation de l'acide chlorhydrique dans la Chambre de la Reine. Les caractéristiques de la Grande Galerie m'ont amené à comprendre la fonction de la Chambre du Roi. Les caractéristiques de la Chambre de la Reine*

[19] indiquent qu'une réaction chimique a eu lieu là-bas. L'hypothèse oscille entre la vraisemblance ou l'invraisemblance selon les preuves trouvées dans ces domaines...». [17]

« La chambre du roi est un magnifique ouvrage de granite de 10,47 mètres sur 5,23 mètres et d'une hauteur de 5,84 mètres. La chambre est surmontée par une imposante couverture de blocs de granite répartis sur cinq niveaux, le dernier niveau étant surmonté d'une voûte de décharge avec des pierres disposées en chevrons. Le toit de cette couverture s'élève à plus de vingt mètres du sol de la chambre. Un

sarcophage en granite, vide et sans couvercle, est disposé à l'ouest de la chambre. Comme dans la chambre de la reine, deux conduits de ventilation s'élèvent depuis la chambre du roi vers les faces de la pyramide. » [18]

La chambre de la reine.

« Les deux tunnels de la chambre de la Reine à deux portes de pierres avec des boutons de laiton. Derrière ces portes en pierre, il y a une autre pierre. Qu'est-ce qui est derrière ? Ces portes sont lissées et doivent donc avoir une plus grande utilité. » [19]

Ainsi, continuant à découvrir cette théorie selon laquelle les Pyramides, en particulier la Pyramide de Khéops, sont des batteries de différentes capacités et de voltages, je mentionne également la recherche d'un autre expert fabriquant des batteries. Ainsi, selon The Battery Council International - *Le Conseil International de Batterie* :

« *Les batteries sont constituées de cinq éléments de base :*

1. Récipient en matière plastique durable

2. Des plaques positives et négatives internes de plomb

3. La plaque séparatrice constituée en matière synthétique poreuse

4. Électrolytes, une solution diluée d'acide sulfurique et d'eau, mieux connue comme l'acide de batterie

5. Couvercles terminaux, le point de connexion entre la batterie et tout ce qu'il alimente

Le procédé de fabrication commence par la production d'un récipient en matière plastique et du couvercle. La plupart des conteneurs de batteries d'automobiles et leurs couvercles sont fabriqués en polypropylène. Pour une voiture équipée d'une batterie de 12 Volt, le boîtier est divisé en six sections ou cellules. Le couvercle est déposé au-dessus et scellé lorsque la fabrication de batterie est terminée.

Le processus se poursuit avec la fabrication de grilles ou de plaques de plomb ou d'un alliage de plomb et d'autres métaux. Une batterie doit avoir des plaques positives et négatives pour effectuer une charge.

Ensuite, un mélange de pâte d'oxyde de plomb qui est réduit en poudre de plomb et d'autres matériaux, tels que l'acide sulfurique et de l'eau est appliqué sur les grilles. La matière d'expansion en sulfates en poudre est ajoutée à la pâte pour produire des plaques négatives.

À l'intérieur de la batterie, les plaques positives et négatives collées doivent être séparées pour éviter le court-circuit. Les séparateurs sont des feuilles minces de matériaux poreux isolants, utilisés pour séparer les plaques positives et négatives. Des pores fins dans les séparateurs électriques permettent au courant de circuler entre les plaques, tout en empêchant la production des courts-circuits.

Dans l'étape suivante, une plaque positive est appariée avec une plaque négative et un séparateur. Cette union est appelée un élément, et il existe un élément de batterie par cellule d'un compartiment dans le conteneur. Les éléments sont déposés dans les cellules pour le cas de la batterie. Les cellules sont reliées par un métal conducteur de l'électricité. Les bornes de connexion sont ensuite soudées.

La batterie est ensuite remplie par l'électrolyte ou acide de batterie – mélange d'acide sulfurique et d'eau - et le couvercle est fixé. La batterie est vérifiée pour éviter toutes fuites.

L'étape finale est le processus de charge ou de finition. Au cours de cette étape, les bornes de la batterie sont connectées à une source d'électricité et la batterie est chargée pendant plusieurs heures ». [20]

Regardons attentivement l'intérieur de la Pyramide de Khéops ou d'autres Pyramides (situées ailleurs dans le monde), nous allons trouver des preuves montrant l'aspect scientifique des Pyramides servant de batteries. La question la plus intéressante, c'est celle-ci : « *pourquoi les pyramides sont-elles des batteries ?* » Nous allons en discuter et le découvrir un peu plus loin.

Nous sommes conscients que ces batteries (pyramides) anciennes ont été construites en utilisant une connaissance technologique sophistiquée, combinant la pierre de granite, de lime stone et autres minéraux, dont notre Société actuelle n'a pas encore pleinement pris connaissance, découverte, mais que nous apprenons aujourd'hui. Examinons maintenant de plus près la construction des pyramides.

Les constructeurs des Pyramides, avec des connaissances technologiques avancées dans le domaine de la géologie, de la géoscience, de la chimie, du génie civil, du géomagnétisme, de la physique, de la géophysique et du soleil, etc., ont utilisé une combinaison de différents rochers volcaniques, qui sont formés principalement à partir du magma du volcan éclaté, ainsi que des pierres de quartzite, tels que le granite (en sélectionnant des couleurs différentes, apparemment en raison de leurs propriétés chimiques distinctes), le calcaire et les autres pierres.

L'aptitude à créer cette combinaison de roches ignées, de granite, de lime stone et de calcaire comme des batteries témoignent des compétences des constructeurs sur le haut dégrée de connaissance du noyau interne de la Terre: sa formation, ses activités et la composition chimique de ses composants minéralogiques.

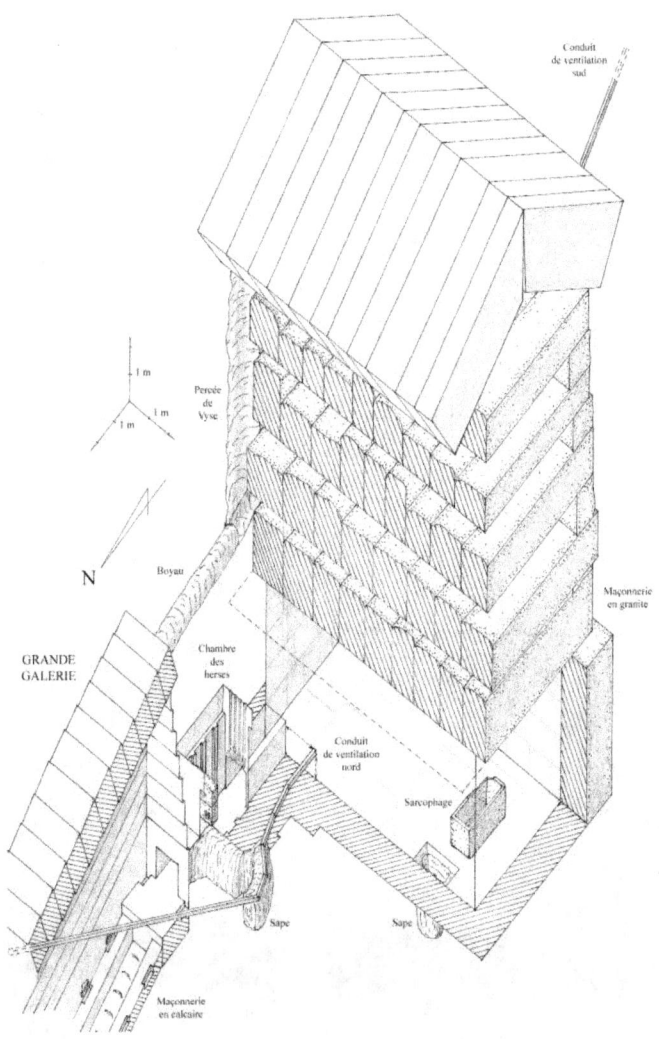

« Vue axométrique de la chambre du roi. [21]

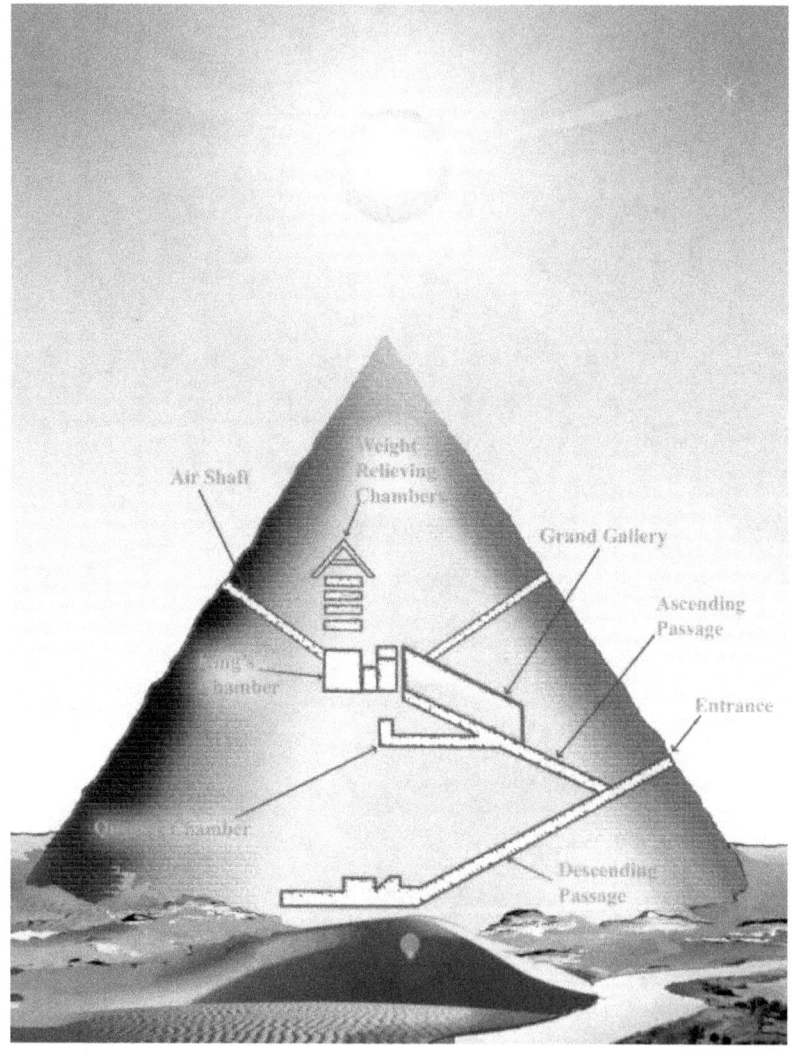

LA COMPOSITION DU NOYAU DE LA TERRE

D'après Vincent Deparis, chercheur à la Maison des Sciences de l'Homme de Grenoble, dans un de ses articles intitulé : '*Histoire d'un mystère : l'intérieur de la Terre - Planète-Terre'*, raconte que René Descartes « *est le premier en 1644 à imaginer le monde souterrain. Pour lui, la Terre est un ancien Soleil qui a subi une évolution particulière. Au centre, on trouve un noyau de matière solaire, recouvert d'une couche compacte de la même matière que les taches solaires. Ensuite vient une couche de terre dense, une couche d'eau, une couche d'air et une nouvelle couche de terre plus légère qui se maintient au-dessus du vide comme une voûte.* »

Il continue : « *La Terre de Descartes est donc creuse ! La couche externe est toutefois en équilibre instable. Séchée par le Soleil, elle se fendille, et finit par s'écrouler d'une manière inégale dans les couches internes, expulsant l'eau qui forme les océans. Descartes décrit ainsi à la fois la genèse de la Terre et sa structure interne. Il raconte comment les montagnes se sont formées, par effondrement, lors d'une immense catastrophe planétaire originelle.* » [22]

Aussi, cela nous oblige encore une fois de plus à nous poser la troublante question : « Qui avait donc si bien inspiré René Descartes à imaginer la composition du noyau de la terre ? D'où lui venait cette connaissance ?» Dans notre ère, Descartes fut celui qui introduit le concept de l'intérieur de la terre. D'après ses écrits historiques, Socrate incitait ses étudiants à étudier la géologie de la terre ; faisait-il aussi allusion à l'intérieur de la terre ? Si oui, *où* aurait-il donc appris cette connaissance, sinon par ses voyages multiples en Égypte des Pharaons ; étudiait-t 'il les écoles spirituelles d'Osiris et d'Isis ?

La preuve irréfutable que Socrate aurait étudié auprès des prêtres Égyptiens se trouve dans cette citation qu'on lui attribue : « Connais-toi toi-même », mais qui en fait revient aux prêtres Égyptiens dont les enseignements spirituels étaient basés sur le concept de l'immortalité de l'âme ; d'où le concept connais-toi toi-même, non pas en tant qu'être humain, mais en tant que divinité vivant dans un corps humain. De plus, l'histoire de l'ancienne Égypte nous révèle que cette citation était gravée dans les murs des temples d'Égypte.

Serait-ce une coïncidence que René Descartes tout comme le Grec Socrate et les prêtres Égyptiens, tous eurent une même inspiration de la connaissance de l'intérieur de la Terre si elle n'était pas liée à une quelconque survie de la planète terre ?

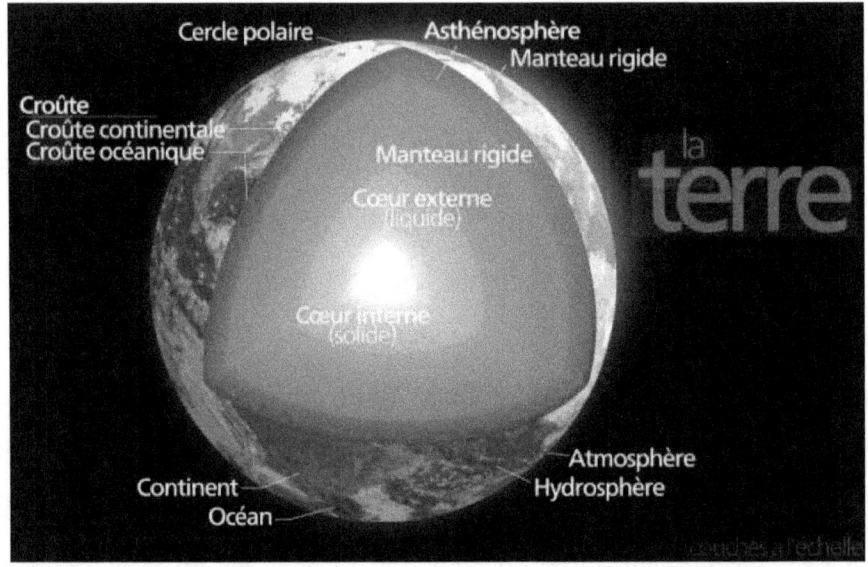

«L'intérieur de la Terre, comme celui des autres planètes telluriques, est stratifié, c'est-à-dire organisé en couches concentriques superposées, ayant des densités croissantes quand on s'enfonce...Ces diverses couches se distinguent par leur nature pétrologique (contrastes chimiques et minéralogiques) et leurs propriétés physiques (changements d'état physique, propriétés rhéologiques). » [23]

Une question fut posée au Dr. Ken Rubin, professeur adjoint au Département de Géologie et de Géophysique, à l'Université de Hawaii aux États Unis d'Amérique sur le sujet de la composition du noyau de la Terre. On lui a demandé comment les scientifiques savent-ils ce qu'il y a dans le noyau de la Terre ? Le professeur a donné la réponse suivante :

« Eh bien, nous avons une assez bonne idée à partir d'une variété de mesures indirectes et des raisonnements :

D'abord, nous avons une idée générale de la densité globale et la masse de la Terre, fondées sur des calculs ainsi que sur comment l'orbite de la terre perturbe les autres planètes et la lune.

Deuxièmement, nous savons que la densité globale des couches variées de la Terre est basée sur la façon dont les ondes de pression sismiques (ondes de compression créées par les tremblements de terre) se déplacent à travers la terre pour arriver à des endroits éloignés de la source de tremblement de terre.

Troisièmement, en examinant les ondes secondaires du séisme (l'onde de cisaillement qui est équivalent à un mouvement de va et vient du frottement des mains), nous connaissons qu'une part du noyau est liquide et qu'une immense pression y a lieu sous cette grande quantité de rochers. Les ondes de cisaillement ne peuvent pas déplacer à travers ce liquide.

Quatrièmement, nous connaissons la composition générale de la Terre en examinant la composition chimique globale du Soleil (en examinant son spectre lumineux,) et grâce à l'analyse d'un type des météorites connus sous le nom de Chondrites (ils ont une composition similaire au Soleil et sont considérés avoir la composition du matériau similaire à la Terre).

Cinquièmement, nous connaissons la composition de la croûte terrestre et de son manteau, en examinant leurs échantillons. Pour le manteau inférieur, nous pratiquons l'expérience de l'effet de la pression (faible) sur les minéraux du manteau supérieur afin de prévoir la minéralogie de la partie inférieure du manteau. Nous faisons traverser des ondes sismiques dans le laboratoire pour voir si nos rochers expérimentaux correspondent aux observations.

Sixièmement, à partir du moment où nous connaissons la taille, la masse et la composition de la Terre entière, sa croûte, et son manteau, nous pouvons créer un bilan de matières et voir quels sont les éléments chimiques qui n'existent pas dans la croûte (y compris dans l'atmosphère et dans l'hydrosphère) ou dans le manteau, sachant qu'ils doivent exister sur la Terre. Ces matières-là doivent se situer dans le noyau.

Septièmement, pour nous aider dans notre évaluation, nous rappelons que nous avons besoin d'éléments métalliques à haute concentration, quelque part à l'intérieur de la Terre pour produire notre champ magnétique. En outre, ce métal doit pouvoir maintenir son état liquide, même sous la très haute pression.

Rajouter à tout ceci que nous avons trouvé que le noyau est principalement en métal de fer (Fe). Nous avons découvert qu'il possède une quantité importante de nickel (Ni, environ 4%) et un élément léger pour le rendre moins dense (environ 10% en masse). Cet élément léger est principalement de l'oxygène ou du sulfure; les arguments en faveur de l'oxygène (trop détaillé pour aborder ici) sont plus crédibles, en général.

Nous pouvons aussi examiner la composition des météorites en fer, qui sont les restes de petits corps planétaires du début de l'histoire de notre système solaire qui sont divisés en petits noyaux distincts. Les compositions de ces alliages métalliques correspondent étroitement à la description présentée en dessus quand nous avons essayé de prévoir la composition de notre noyau ». [24]

Si les scientifiques se sont tous basés sur certaines hypothèses de l'imagination de Descartes concernant la composition du noyau intérieur de la terre, alors, la sagesse ne nous obligerait-elle pas de retracer ses sources d'inspiration ?

LES MATHEMATIQUES – CHIMIE DANS LES PYRAMIDES

Depuis qu'ils examinent de près la Pyramide de Khéops, les scientifiques du monde sont étonnés par la précision des mesures effectuées par une méthode rigoureuse comme l'illustre les données des recherches ci-dessous (publiées sur le site Wikipédia). Selon l'œuvre de l'égyptologue Jean-Philippe Lauer, dans son livre : « *Le Mystère des pyramides,* » (1988), dans la page Pyramide de Khéops, chapitre « Observation mathématique de la pyramide de Khéops (Gizeh) », les analyses suivantes ont été observées :

« *Quand on étudie la géométrie de la grande pyramide, il est délicat de faire la distinction entre les intentions des constructeurs et les propriétés qui découlent des proportions de l'édifice. On mentionne souvent le nombre d'or et le nombre pi inscrits dans les proportions de la pyramide : les Égyptiens ont, nous l'avons vu, choisi une pente pour les faces de 14/11*

- *Concernant le nombre d'or, la proportion de 14/11 entraîne un rapport apothème/demi-bas égal à*

$$\frac{\sqrt{14^2 + 11^2}}{11} \simeq 1,61859 \quad , \qquad proche \qquad de$$

$$\varphi = \frac{1 + \sqrt{5}}{2} \simeq 1,61803 \text{ [2]}.$$

- *La valeur du nombre $\pi \simeq 3,14159$ serait donnée par le rapport (demi-périmètre de la base)/hauteur. On obtient ainsi la valeur approchée*

- $$\frac{4*11}{14} = \frac{22}{7} \simeq 3,14285 \simeq \pi_{[2]}$$

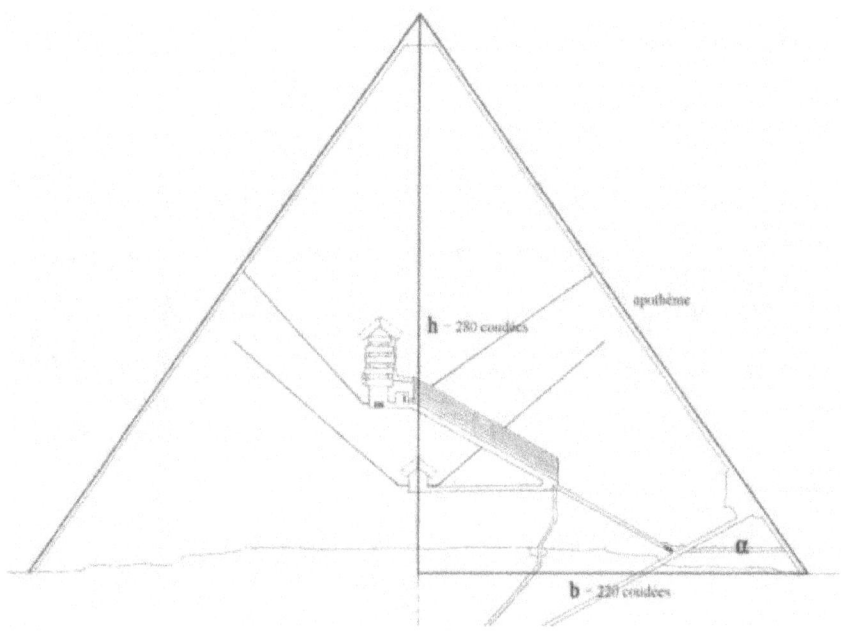

« Ces deux résultats découlent donc de l'utilisation d'une pente de 14/11. S'il faut y voir une volonté délibérée de les inscrire dans la construction, le mérite en reviendrait à l'architecte qui utilisa pour la première fois cette pente à la <u>pyramide de Meïdoum</u>, achevée sous le règne de <u>Snéfrou</u>. Mais cette proposition est peu plausible. D'après les quelques rares documents mathématiques recueillis à ce jour, les égyptiens de l'antiquité n'avaient aucune connaissance du nombre π et n'utilisaient qu'un nombre de substitution 256/81=3,1605 pour calculer l'aire d'un disque. (Voir <u>Géométrie dans l'Égypte antique</u>) » [25]

Revenons aux mesures de la pyramide de Khéops. Selon plusieurs résultats mathématiques des égyptologues, la pyramide aurait une base de 230, 35 mètres. Partant du principe que la base de la Pyramide correspond à la figure géométrique du carré (tel inspiré par mon Rêve), cela veut dire que *nous avons juste besoin de définir la dimension d'un côt*é pour calculer son périmètre ; ensuite nous pouvons calculer sa hauteur en incluant le périmètre du cercle dans la construction de la pyramide, qui automatiquement inclut la valeur Pi. Ce qui revient à dire que la hauteur de la pyramide est calculée, et non fixée ou connue d'avance comme le prétendent certains égyptologues. Mettant en réserve cette formule pour l'instant.

Ce qui m'intrigue jusqu'à présent, et c'est l'une de mes investigations actuelles, c'est de comprendre sur quelles bases mathématiques les architectes de la Pyramide sont arrivés à calculer les dimensions de la chambre du roi (et de son sarcophage), celle de la reine ainsi que celles des chambres souterraines ? Et le plus intriguant encore, c'est l'application du théorème de Pythagore dans la construction de la chambre du roi comme l'illustre l'image ci-contre. [26]

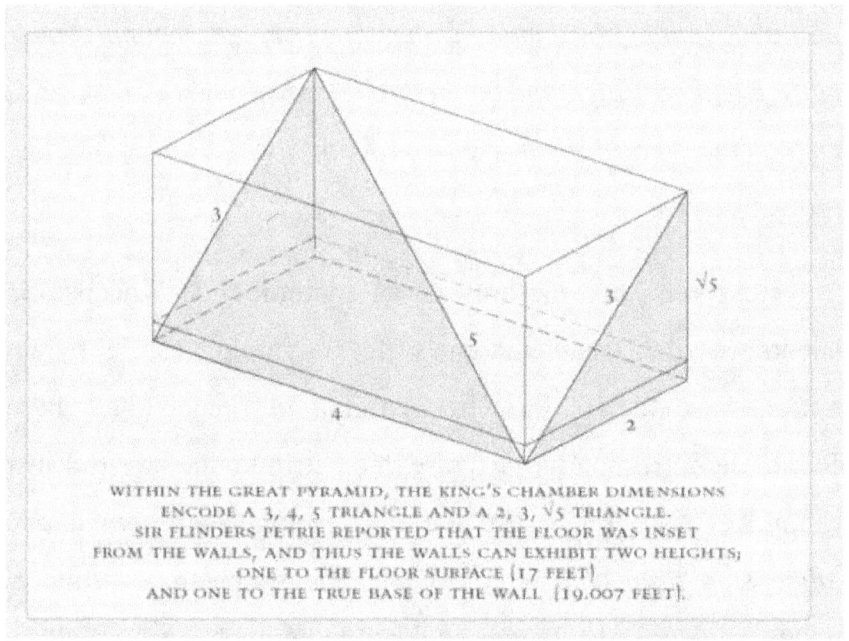

WITHIN THE GREAT PYRAMID, THE KING'S CHAMBER DIMENSIONS ENCODE A 3, 4, 5 TRIANGLE AND A 2, 3, √5 TRIANGLE. SIR FLINDERS PETRIE REPORTED THAT THE FLOOR WAS INSET FROM THE WALLS, AND THUS THE WALLS CAN EXHIBIT TWO HEIGHTS; ONE TO THE FLOOR SURFACE (17 FEET) AND ONE TO THE TRUE BASE OF THE WALL (19.007 FEET).

Dans le cas de la figure ci-dessus : nous prenons le triangle 3, 4, 5 et le triangle 2, 3, √5 et que nous y appliquons le théorème de Pythagore pour chaque triangle, nous sommes surpris de la vérification du théorème. Ce qui nous emmène à nous poser encore une question pertinente qui nécessairement doit avoir une réponse scientifique: « Pourquoi les ingénieurs ou constructeurs de la pyramide ont mesuré et crée avec une telle précision la capacité de chaque sarcophage, celui de la chambre du Roi en y appliquant le théorème de Pythagore (Hypotenuse² = Adjacent² + Opposite²; ou C² = A² + B²). »

Pour le premier triangle : 3, 4,5

Hypoténuse =5 ; Côté Adjacent = 3 ; Côté Opposé = 4

25=9+16 ====➜ 25 = 25

Pour le deuxième triangle : 2, 3, √5

Hypoténuse = 3 ; Côté Adjacent= 2 ; Côté Opposé= √5

9=4+5 ===.> 9 = 9

Depuis longtemps jusqu'à ce jour on attribue ce théorème à Pythagore ; mais au vu de cette petite observation, vérification dans la Pyramide, on peut poser l'hypothèse que Pythagore ait étudié les mathématiques en Égypte ? Puisque l'histoire nous témoigne que Pythagore était un élève des écoles spirituelles d'Osiris et d'Isis, pouvons-nous déduire que le continent Africain était bien le lieu où ce théorème de Pythagore a pris son origine, et non pas en Grèce comme c'est inscrit dans les livres d'histoires ainsi que dans les manuels scolaires ? »

Si Pythagore était bien l'inventeur du théorème, alors Pythagore serait plus vieux que les Pyramides ?

Plus impressionnant encore est le type de granite utilisé dans la construction de la pyramide: le plus dur matériel de granite a été choisi tel que le basalte et le granite rouge, par rapport à d'autres types de granites utilisés ailleurs dans les constructions d'autres pyramides. Pourquoi donc cette sélection du type de granite, spécialement dans la chambre du roi ? Était – ce parce que les ingénieurs voulaient contenir ou contrôler l'utilisation d'une certaine réaction chimique ou d'un gaz ? Ou peut-être que la capacité de chaque chambre (chambre du roi et de la reine, ainsi que le sarcophage) représentaient un volume précis d'électrolyte chimique ou d'acide de batterie, nécessaire pour chaque opération que la pyramide devrait effectuer, et ceci en fonction de la capacité de voltage (énergie) que la Pyramide générait pour arriver à accomplir ses fonctions ?

Grâce au travail pertinent réalisé par Christopher Dunn, nous avons appris qu'à l'intérieur de la Pyramide de Khéops il y a eu usage des produits chimiques, des minéraux et de l'eau, l'eau étant un bon conducteur ce qui présume qu'il y a donc eu application d'un modèle de l'électricité; et l'Égypte n'est pas le seul endroit où cette possibilité se présente. En Chine, par exemple, dans quelques-unes des Pyramides anciennes qui existent toujours, la présence du mercure a été révélée; alors que le mercure est connu comme étant un bon conducteur de l'électricité.

Même si les Pyramides (batteries) sont faites différemment avec des capacités de tensions et de voltage différents, cependant certaines d'entre elles n'ont pas des chambres de détente (les chambres au-dessus de la chambre du roi) tandis que les autres en ont. La Pyramide de Khéops possède ce genre de chambre.

Si les batteries sont conçues différemment pour contenir certains voltages ou de tension électrique, alors les Pyramides peuvent aussi être conçues pour produire ou fournir une quantité de puissance électrique, différentes les unes des autres. Celles qui ont une tension et un voltage plus élevés, peuvent être identifiées aussi par la présence des chambres de détente, par les poutres horizontales de granites et de calcaire au-dessus de la chambre du Roi, ainsi que par la présence d'un passage ascendant. Par contre les Pyramides de Maidum, de Darshur, de Sneru en Égypte et ailleurs, qui n'ont pas une chambre de détente, ni un couloir ascendant, ont été conçues pour produire un voltage et une capacité d'électricité inférieure.

Ceci nous amène à déduire ce qui suit : les ingénieurs des Pyramides en connaissaient beaucoup plus sur les effets des réactions chimiques de ces pierres, roches qui possédaient une certaine concentration de minéraux lorsqu'elles sont placées à une certaine hauteur de la Pyramide, exposés à l'énergie cosmique, en particulier à l'énergie solaire, produisant un effet électrique suite à une transformation d'état d'énergie.

Ou alors les constructeurs les ont fabriquées grâce à une connaissance chimique à partir des mélanges des différents minéraux, des roches volcaniques, etc., pour obtenir la capacité chimique leur permettant de capter l'énergie solaire le plus naturellement possible et de la transformer en énergie utilisable par un deuxième procédé durant les étapes des processus aboutissant à la Pyramide de Khéops.

Il semblerait donc que ces profondes connaissances technologiques ne soient pas encore connues de notre communauté scientifique actuelle, ou si elles le sont, n'ont pas encore été comprises; sinon nous aurions peut-être déjà construit des pyramides, ou des structures d'énergies renouvelables similaires utilisant simplement la technologie du pouvoir solaire et de l'énergie ambiante sur les roches, les pierres, les minéraux et les métaux.

Lorsque la construction de la Pyramide de Khéops a été terminée, un Élément fut placé au sommet de la pyramide. Ce dernier agit comme un récepteur de lumière ou d'énergie du soleil, tout en jouant aussi le rôle d'amplificateur d'énergie. En vertu de la Loi de Polarité, elle reçoit des rayons ou des ondes d'énergie lumineuse du soleil; ces ondes magnétiques sont naturellement attirées vers le bas dans la chambre du roi à celui de la Reine, où un autre Élément de polarité opposée est placé. Ces deux facteurs jouent alors une fonction importante d'amplification d'énergie au sein de la Pyramide...etc.

La Pyramide est alors alimentée par de l'énergie transformée naturellement en électricité, produite par le contact des ondes de la lumière pénétrant à travers le pyramediome, en passant par les chambres de détente (chambres au-dessus de la chambre du roi). Dès que les étapes finales de la création de la batterie (pyramide) est terminée, celle-ci est chargée ou remplie de l'électrolyte ou acide batterie (probablement un mélange d'acide sulfurique et d'eau, cf. les observations mises en évidence par Mr. Christopher Dunn et citées précédemment).

L'ENERGIE VENUE DU SOLEIL

Le contact de l'énergie cosmique et de l'énergie du soleil avec les poutres horizontales de granite situées dans la chambre de détente, convertit l'énergie cosmique ou solaire, en électricité ; fait rendu possible par les propriétés chimiques du granite, (cf. précédemment). Notez qu'il y a une deuxième étape dans le processus.

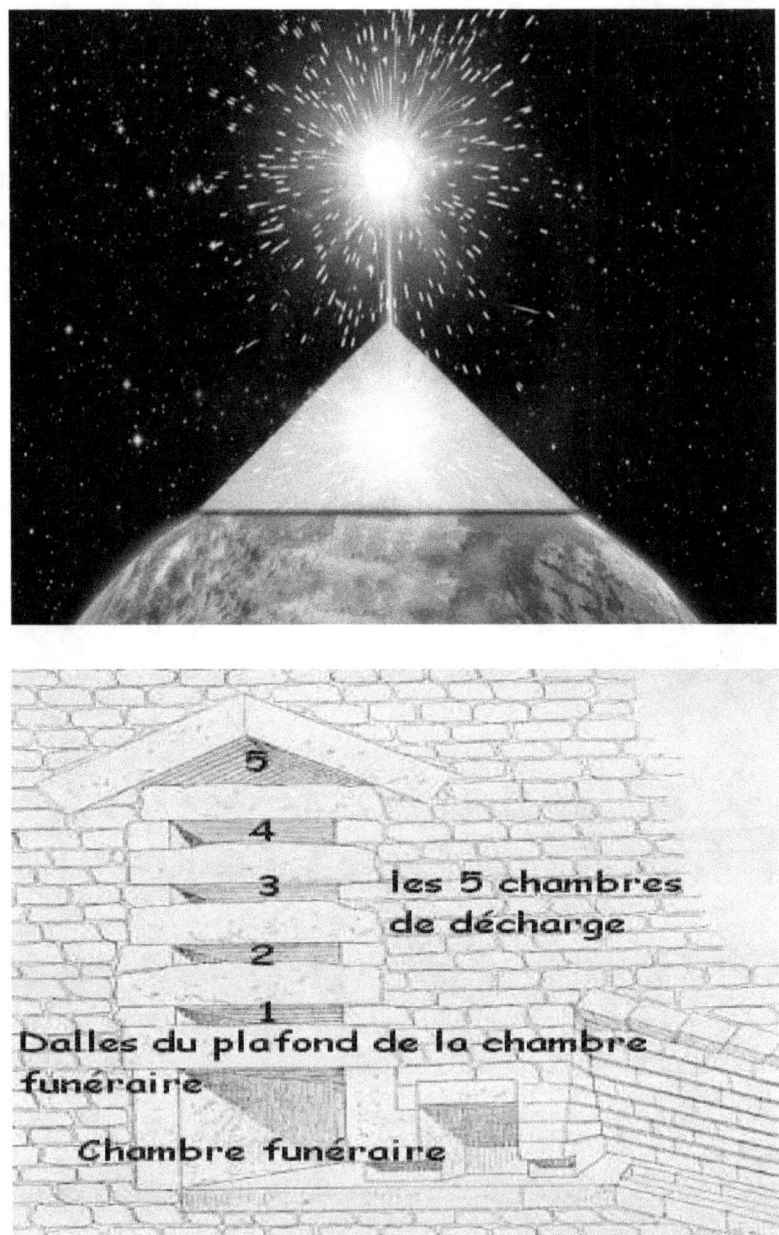

Image des chambres de décharge [26A]

L'article intitulé : « An Arab Who Got the Shock of His Life on the Summit - *Un Arabe qui a eu la surprise de sa vie sur le Sommet* », publié par l'association de la Grande Pyramide de Khéops peut expliquer ce phénomène de production d'électricité :

« *Monsieur Siemens, un inventeur britannique, grimpa au sommet de la Pyramide de* Khéops *avec ses guides arabes. Un de ses guides attira son attention sur le fait que quand il leva la main avec les doigts écartés, il entend un bruit de sonnerie aiguë. Siemens leva l'index et ressentit une sensation de picotement distincte. Il reçut également un choc électrique quand il essaya de boire une bouteille de vin qu'il avait apporté avec lui ... Quand il tenait la bouteille au-dessus de sa tête, elle était chargée d'électricité. Des éclats de lumières émirent à partir de la bouteille ...*» [27]

HAUTE CONNAISSANCE DE GEOLOGIE

Pourquoi les constructeurs de la Pyramide de Khéops ont-t-ils choisi le granite comme bloc de construction d'édifice? Peut-être en savaient-ils beaucoup plus sur les propriétés chimiques du granite que nos scientifiques actuels qui n'ont pas encore tout découvert ?!

Parlons un peu plus des propriétés chimiques du granite.

Selon le site internet : « *United States Geological Survey (USGS)* », "le granite contient une forte quantité de dioxyde de silicium ($SiO2$) ; il est composé d'au moins 65% de silice. Les éléments principaux de silice constituant le granite sont : le quartz, le feldspath et le mica ; l'élément dominant étant le quartz."

« En raison de la présence de quartz dans le granite, il est probablement influencé par *un autre aspect similaire* de la propriété électrique de quartz appelée: piézoélectrique, et peut être par le tribolumiscent ». [28]

Pierre et Marie Curie, ont été les pionniers à réaliser les caractéristiques de l'électronique ou « piezo » de cristal de quartz, comme Frank Dorland l'a mentionné dans son livre « Holy Ice », "*Sainte Glace*". Ainsi il dit :

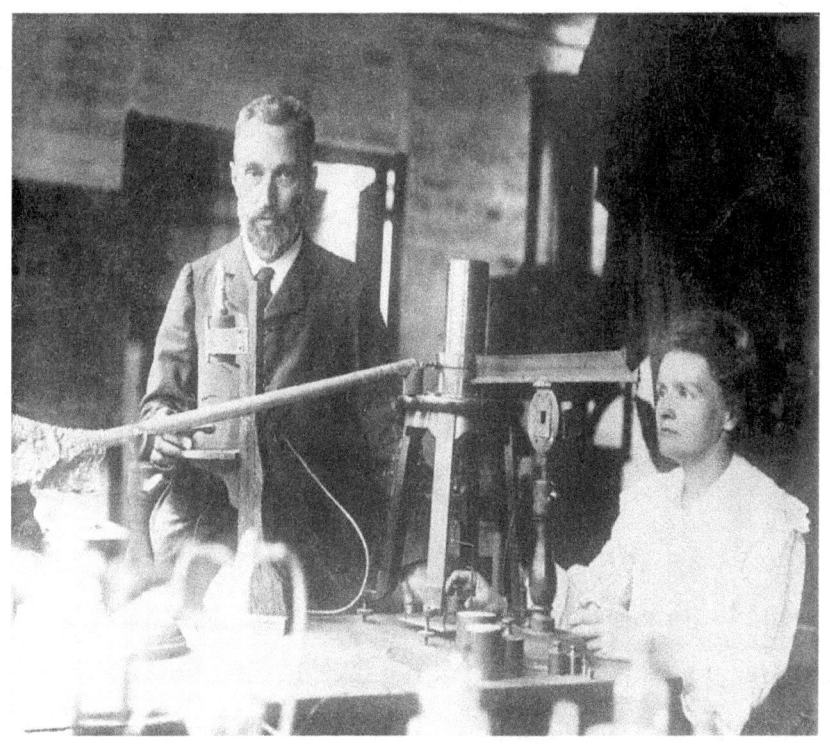

Image de Marie et Pierre Curie dans leur laboratoire [29A]

"*Le cristal génère de l'électricité lorsque une* **pression** *est appliquée, il affiche la polarité du fait de ses forces positives et négatives. En outre, l'électricité injectée dans « le quartz génère du stress, ce qui se traduit généralement par les vibrations et les oscillations précises ... Comme un microphone, le cristal est simplement un dispositif électronique sensible qui réagit à l'énergie et aux vibrations. »* [29]

Poursuivons notre hypothèse : le quartz serait-il *sensible à la chaleur aussi ?*

Lorsque l'énergie du soleil ou l'énergie cosmique est en contact avec la partie située au sommet de la Pyramide, elle se déplace ensuite à travers les poutres de granite en direction des chambres de détente, de là, une forme naturelle d'énergie se crée, puis est convertie en électricité, en fournissant des ressources continues avec la mise sous tension de la batterie.

Les ingénieurs de la pyramide auraient également construit des batteries (pyramides) de hautes puissances et de tensions, comme celles de la pyramide de Khéops dans des endroits différents sur notre planète, telle la pyramide du Soleil au Mexique pour le même type d'usage et ceci en tenant compte de la rotation de la terre autour du soleil créant ainsi le changement régulier de différentes saisons : été, automne, hiver et printemps afin de garder le système de production électrique en activité continue durant toute l'année. En Bosnie et en Amérique Latine se trouvent encore ce même type de pyramides, et peut-être.

Notre civilisation actuelle n'est plus surprise de constater que des Pyramides ont été construites partout dans le Monde : nous le savons maintenant grâce aux efforts et au courage du Dr. Sam Osmanagich, le découvreur des pyramides de Bosnie en Europe. Autre remarque : selon les investigations menées et rendues publiques dans l'intriguant documentaire du 21ème siècle sur les pyramides, intitulé : **"La Révélation des Pyramides"** dont l'auteur et informateur est Jacques Grimault et le réalisateur Patrice Pooyard, la question soulevée est : *pourquoi la plupart des Pyramides se situent sur une ligne droite qui fait un angle de 30 degrés par rapport à l'équateur* ? Cela serait-il une coïncidence en plus ?!

Réponse, non. Parce que nous savons tous qu'il fait plus chaud sur l'équateur que dans les deux pôles (Nord et Sud) de la planète Terre.

Il y aurait encore d'autres preuves par rapport aux composants de la batterie à l'intérieur de la Pyramide de Khéops. En comparant plusieurs projets de recherche effectués par des spécialistes des Pyramides, réalisés plusieurs années auparavant ou actuellement : sujet bien étudié, souligné par Christopher Dunn dans son article paru sur internet : «*Preuve d'anciens dispositifs électriques trouvés dans la Grande Pyramide de Gizeh* ?"

Depuis, Dunn et son équipe ont réalisé d'autres recherches scientifiques pour lesquelles j'ai un respect profond car ses travaux sont le résultat d'efforts et sacrifices matériels comme les miens et ceux de Jacques Grimault et Patrice Pooyard), ainsi que ceux de tant d'autres chercheurs, afin de saisir la finalité scientifique des pyramides.

Ainsi je vous invite à regarder les vidéos suivantes : « *La Révélation des Pyramides* », ainsi que « *L'archéologie Interdite (VF)* » qui rapporte des faits; elles sont disponibles sur notre site internet.

Je vous invite à parcourir la page web de M. Dunn [30] pour en apprendre davantage par vous-même.

Je crois que Mr. Dunn et son équipe, ainsi que ceux de 'La Révélation des Pyramides' méritent beaucoup d'applaudissements pour leur travaux réalisés, compte tenu des nombreux défis auxquels ils ont été confrontés jusqu'à ce jour pour faire face à un public sceptique (hommes politiques défendant leurs propres intérêts plutôt que ceux de l'Humanité, les scientifiques aux idées fermées, et les fanatiques religieux, etc.). Ces Auteurs tentent de faire passer les résultats de leurs conclusions : des questions plus profondes se révèleraient dans le cadre d'une révolution scientifique : apporter un plus à notre civilisation et un héritage positif aux générations futures, une invitation à l'évolution de la conscience de l'Humanité.

Nous pouvons comprendre ces défis, nous aussi : depuis plus d'un an aux États Unis, nous avons rencontré des résistances pour faire passer notre message, tant sur le plan politique que celui des medias et face à l'intolérance religieuse. Le précieux message que nous tentons de transmettre dans ce livre s'inscrit pour le Bien des générations futures, toutes races et religions confondues.

Notre civilisation semble ignorer de quelle grande connaissance de la géologie appliquée témoignent les constructions des pyramides. Malheureusement, les quelques esprits illuminés appartenant ou pas à la communauté scientifique qui ont été en mesure de révéler certains secrets de la conversion de l'énergie cosmique de certaines roches ignées en électricité, ont été découragés. Notre société échoue et continue d'échouer et à décourager ces Ames illuminées à continuer de prospérer dans le domaine de la maîtrise des connaissances concernant la survie naturelle de l'humanité en énergie renouvelable. Et c'est sans doute délibérément fait pour soutenir l'utilisation d'autres ressources énergétiques, qui sont les causes mineures de la détérioration de notre planète Terre. Mais vu les tempêtes solaires traversant notre couche d'ozone ou bouclier magnétique (qui s'affaiblit graduellement d'année en année), il est déjà connu et expérimenté que les vents solaires perturbent notre réseau des centrales électriques. D'où le résultat : risque de perte d'électricité pour des millions de foyers, d'entreprises, d'infrastructures et surtout d'hôpitaux de pays sous-développés (qui ne possèdent pas des générateurs de relais). Et cela peut concerner l'Europe également et d'autres continents.

Devrons-nous attendre d'autres conséquences dramatiques et régresser en tant que civilisation ? Ce sera le cas si nous n'agissons pas dès maintenant en soutenant et en consacrant davantage de ressources à l'étude et au développement de la technologie dans l'utilisation de l'énergie libre ou de l'énergie cosmique.

INDUCTION ELECTROMAGNETIQUE

Maintenant, je souhaiterais changer de sujet afin d'évoluer dans le partage de ma théorie, et une petite introduction sur l'induction électromagnétique serait nécessaire.

Dans mes recherches, j'ai étudié la découverte faite par le colonel Vyse en 1836. Il s'agit d'une plaque de fer plat (apparemment venant d'un météore), qui a environ 12 "x4" et 1/8 de pouce d'épaisseur située à l'intérieur de la pyramide de Khéops. Cela pourrait aussi être une indication que la loi de l'induction électromagnétique (définie plus tard par Michael Faraday) y avait été appliquée.

Quel est le principe de cette loi? John Meurig Thomas, FRS, dans son livre intitulé " Michael Faraday and the Royal Institution (The Genius of Man and Place) - Michael Faraday et la Royal Institution (Le génie de l'homme et la Place)," explique:

« *Le principe de l'induction électromagnétique: Faraday à découvert que, lorsqu'une bobine sur un côté d'un anneau de fer doux est connecté ou déconnecté de la batterie, un courant électrique traverse la bobine sur le côté opposé de l'anneau ...*» [31]

Si ce principe de l'induction électromagnétique est prouvé, alors pourquoi les ingénieurs ou constructeurs des Pyramides ont-ils créé un courant électrique à l'intérieur de la Pyramide ?

Image de [32]

Y aurait-il encore un autre sens à ce message de la part de Faraday pour nous, lorsqu'il écrit il y a bien des années :

«L'électricité est souvent appelée merveilleuse, magnifique. La beauté de l'électricité ou de toute autre force n'est pas mystérieuse, et l'électricité est souvent appelée merveilleuse, magnifique, mais elle ne l'est que par ce qu'elle a des points communs avec les autres forces de la nature. La beauté de l'électricité ou de toute autre force

n'est pas que le pouvoir est mystérieux et inattendu, touchant tous les sens à l'improviste, à son tour, mais aussi parce qu'elle est sous la loi, et que notre intellect bien instruit peut même l'appréhender. L'esprit humain est placé au-dessus, et non en dessous, et il est dans un tel point de vue que l'éducation mentale offerte par la science est rendue très éminente dans la dignité, dans l'application pratique et l'utilité ; en permettant à l'esprit d'appliquer la puissance naturelle par la loi, on transmet les dons de Dieu à l'homme. »

-Michael Faraday, Notes pour un discours de Vendredi à l'Institution Royale *(1858) [33]*

LE COURANT ELECTRIQUE

La plupart d'entre nous utilisons l'électronique dans notre monde moderne, à la maison ou au travail. Nous savons aussi que ces appareils électroniques ont besoin d'électricité pour fonctionner. Et compte tenu de ce que nous avons découvert jusqu'à présent sur les Pyramides servant comme batteries, la question suivante peut être posée alors : «*Pourquoi les ingénieurs des Pyramides construisaient-ils ou créaient-ils des systèmes de générateurs électriques partout dans le monde ?*"

Eh bien, peut-être comme moi, vous ne connaissiez que la Pyramide de Khéops comme une combinaison d'énormes blocs de granite et de calcaire empilés très précisément les uns sur les autres, un emplacement de sépulture du roi mort dont le corps n'a jamais été retrouvé, et maintenant, comme un lieu de superstitions religieuses ou de divertissement.

La plupart des gens ne savent même pas qu'il existe des Pyramides situées ailleurs qu'en Égypte ; par exemple en Afrique, au Soudan : des recherches prouvent l'existence de plus de 350 pyramides construites par les monarques, lorsque ce pays était probablement une province d'Égypte, puis lorsqu'indépendant, il est devenu empire de Nubie. Et récemment, 35 pyramides ont été découvertes au nord du Soudan (dans l'ancienne Nubie), cf. l'image reproduite dessous.

« *Toutes sont de briques rougeâtres, mais certaines se distinguent par une architecture particulière. Entourant une coupole interne, des constructions s'organisent selon une disposition qui évoque les jardins à la française, une caractéristique du site de Sedeinga. Une telle structure se retrouve également sur le site de Méroé, également en Nubie. D'après Claude Rilly et <u>Vincent Francigny</u>, qui encadrent ces fouilles de la SFDAS, les Koushs se sont largement inspirés du peuple égyptien.* »
[33A]

Image [33B]

LES PYRAMIDES MEXICAINES DU SOLEIL ET DE LA LUNE

Pouvons-nous trouver des preuves que l'énergie fut exploitée ou utilisée dans la pyramide du soleil ? Peut-être qu'un retour dans les archives d'anciens explorateurs nous en dira plus.

En 1906, lors de la restauration de la pyramide du soleil, une grande dalle minérale (Mica) avait été découverte se trouvant dans une chambre haute de la pyramide du soleil. Après que le minéral fut étudié, les résultats montraient que ce type de Mica noir venait du Brésil.

Une chose encore plus étonnante : l'existence d'un 'Temple Mica' découvert à 300 mètres à proximité de la pyramide, dans laquelle on a trouvé 27.43 mètres carrés de deux couches épaisses de Mica, superposées l'une sur l'autre placées sur une plate-forme pavée de roches.

Était-ce un simple hasard que ce minéral venu du Brésil soit gardé dans la pyramide pour une simple exhibition, à moins que ce soit pour un usage à caractère scientifique ? Pour en avoir le cœur net, consultons le dictionnaire des minéraux :

« *Le mica est le nom d'une famille de minéraux, du groupe des silicates sous-groupe des phyllosilicates formé principalement de silicate d'aluminium et de potassium. Avec le quartz et le feldspath, il est l'un des constituants du granite...*
Le mica est utilisé sous forme de diélectrique (isolant électrique) dans les condensateurs haute tension et haute fréquence. » [33C]

Parlons maintenant de la construction mathématique de ces pyramides mexicaines. Selon le rapport des travaux du site 'Anciens – Wisdom', il est mentionné : « *La pyramide du Soleil à Teotihuacan (Mexique), présente les mêmes dimensions de base et la moitié de la hauteur de la 'Grande' pyramide à Gizeh...Cela signifie que la Pyramide du Soleil incorpore 'Pi' de la façon suivante:*

(4 x Π) = x h Périmètre / Circonférence de la base. »

[33D]

En conséquence, avec la nouvelle donne précédente, puisque la formule mathématique Pi se retrouve aussi au Mexique, nous pouvons déduire : ce furent les mêmes ingénieurs ou la même civilisation (que je me permets de nommer ici) 'l'Atlantide', qui a pu être responsable de l'initiation technologique des pyramides en Égypte. L'Atlantide ne serait-elle pas responsable de la construction des Pyramides… sur toute la planète Terre ??

Pyramide du soleil au Mexique

En Chine, grâce à l'observation vigilante d'un pilote américain à la fin de la deuxième guerre mondiale (1945), et grâce à la curiosité de certains habitants de provinces chinoises, malgré la détermination du gouvernement à garder secrète l'existence de ces constructions à la communauté internationale, nous sommes maintenant informés de leur existence : l'une d'entre elles est la Pyramide de Maoling : cf. l'image suivante.

L'image ci-dessus montre l'existence d'une des pyramides dans une contrée lointaine de la Chine : dans la vallée de *Ya-sen,* près de la ville de Xi'an, ancienne capitale. Curieusement, comme toutes les pyramides du plateau de Gizeh, elles sont orientées suivant les quatre points cardinaux. Serait-ce une simple coïncidence, ou par calcul scientifique ?

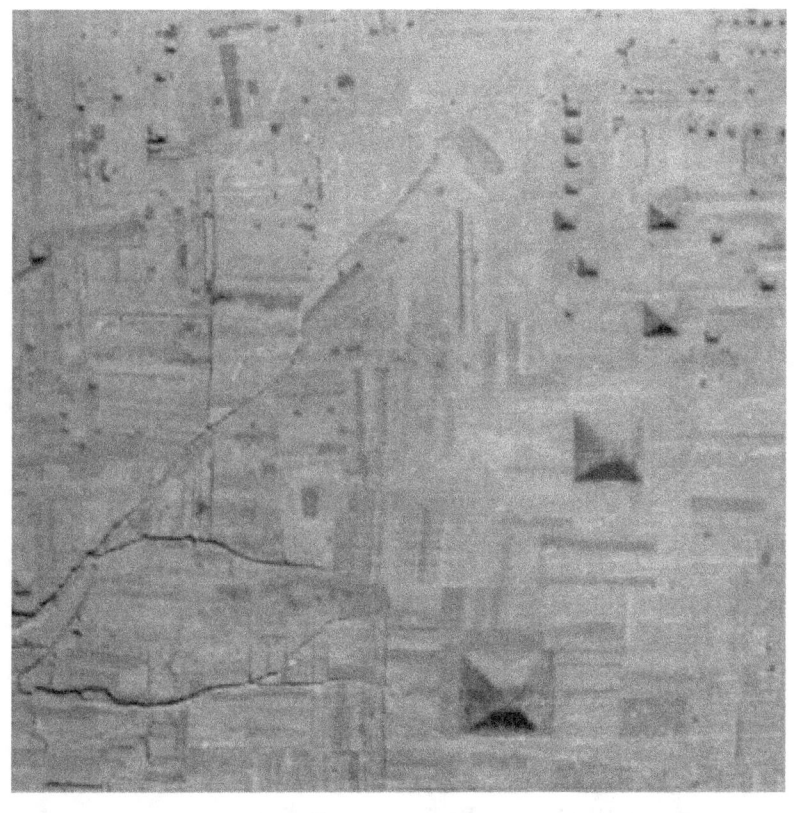

Image du complexe des pyramides en Chine. [33D]

LES PYRAMIDES EN EUROPE

En Italie : la Pyramide de Cestius (Pyramide di Caio Cestio ou Pyramide Cestia).

Image [33E]

Ailleurs en Europe : les recherches archéologiques postées dans le site internet 'Bosnia-Pyramids.com', nous informe :

« *Près de la ville de Visoko, à 30 kilomètres au nord de Sarajevo, il y aurait une pyramide monumentale en pierre de taille, nous indique l'archéologue bosnien spécialiste de l'Amérique Latine, Semir Osmanagic, (qui travaille aux États-Unis). C'est sous l'impulsion d'un directeur de musée local, que des études du relief ont été faites près de Visoko, au nord-ouest de Sarajevo...*

Dr. Osmanagich a publié l'ouvrage : « Pyramids Around the World & Lost Pyramids of Bosnia ». D'après ses recherches, il estime que les ouvriers à l'origine de ces « constructions » ont taillé la colline en forme de pyramide avant de la recouvrir d'une sorte de béton primitif. La colline la plus grande sur laquelle les travaux ont été engagés, est haute d'environ 70 mètres. Sa base est un quadrilatère dont les côtés mesurent 220 mètres. Après la découverte en août 2005, à l'aide d'une sonde, de « nombreuses anomalies du sol », à une profondeur de 17 mètres, il est revenu accompagné d'experts pour réaliser des recherches plus approfondies. Une géologue sur le site, Nadja Nukic, explique avoir été frappée par la découverte de trois couches d'une pierre inconnue, polie et brunâtre, placées à des distances égales les unes des autres... Dans la vallée du fleuve Bosna (Bosnie) dans le village d'Ozimi il y a une étrange concentration significative de boules en pierre trouvées à travers la Bosnie. La plus grande de ces boules mesure 1.7m de haut avec une circonférence de 5.3m. La plupart de ces boules sont concentrées sur une colline dans la région...» [33F] *Image ci-contre.*

Cette pyramide parmi d'autres découvertes dans la région est en cours d'exploration.

Image de pyramide en Bosnie.

Même s'il existe plusieurs pyramides actuellement découvertes, nous posons ici une question qui appelle une réponse scientifique : pourquoi ces blocs de pierre précisément taillés et posés l'un sur l'autre qui forment une pyramide, sont éparpillés partout dans le monde entier, de l'Afrique à la Chine, de l'Amérique à l'Europe et peut-être même ailleurs ? Ont-elles été simplement construites avec tous ces efforts dans tous ces lieux, et certaines d'entre elles orientées avec précision selon les quatre points cardinaux, sans un Objectif scientifique sous-jacent, ou sans Intérêt crucial pour la vie de ceux qui y habitaient ?

Reconsidérons à nouveau l'exemple du modèle de la batterie. Nous savons tous que la voiture a besoin d'une batterie pour que nous puissions en faire usage.

Mais comment expliquer l'existence de toutes ces structures immobiles (pyramides) énormes utilisées comme batteries; et dans quel but ont-elles été construites avant même que notre civilisation moderne en soit arrivée au concept de l'électricité? Et quand bien même nous aurions percé quelques mystères du principe de l'électricité ; paradoxalement nous n'avons toujours pas compris comment cette civilisation ait pu construire ces structures gigantesques de pierres taillées et les poser les unes sur les autres avec précision, créant ainsi une batterie. Batteries *où* aucune fuite d'électricité ne pouvait échapper à cause du choix méticuleux et de la disposition des pierres, et de la haute subtilité de la composition de l'amalgame des pierres.

Eh bien, nous devons encore nous poser une autre question frustrante que je suis impatient de résoudre : pourquoi une civilisation aussi intelligente et raffinée a créé avec une architecture aussi simple que sophistiquée plusieurs batteries par le biais de ces Pyramides, en les plaçant de façon ordonnée partout dans le monde ?

Si la recherche que j'ai poursuivie pour répondre à mon intuition de Rêve est valide, nous savons que les Pyramides sont des structures d'une avancée technologique avec un concept architectural très sophistiqué de batterie, crée dans le but scientifique de produire un courant électrique au sein de la Pyramide. Cf. illustration ci-contre.

Autre question : qu'est-ce qu'il se passe pendant le processus d'une activité électrique et pourquoi les constructeurs de la pyramide ont-ils eu besoin de créer ces formes mystérieuses d'électricité ou de magnétisme à l'intérieur des Pyramides ? Vous allez être surpris, car la réponse est à notre portée.

Hans Christian Oersted, professeur Danois de Physique et de Chimie a découvert qu'un courant électrique génère un champ magnétique autour de lui, tel que l'a rapporté Mme Gillian Turner, dans son livre : « South Pole, North Pole - *Pôle Nord, pôle Sud.* »

« *Hans donnait une démonstration à un groupe d'étudiants lors d'une conférence à son domicile à Copenhague ... il essayait de montrer à ses élèves que l'électricité et le magnétisme sont des phénomènes indépendants. Qu'est-il donc arrivé ?*

Quand Ørsted tenait un fil parcouru par un courant électrique sur une boussole, l'aiguille de la boussole se retournait jusqu'à ce qu'elle fût perpendiculaire au fil. Lorsque le courant était dirigé vers le nord, l'aiguille de la boussole inversait son sens : un courant dirigé vers le sud tournait l'aiguille de la boussole vers l'Est ». [34]

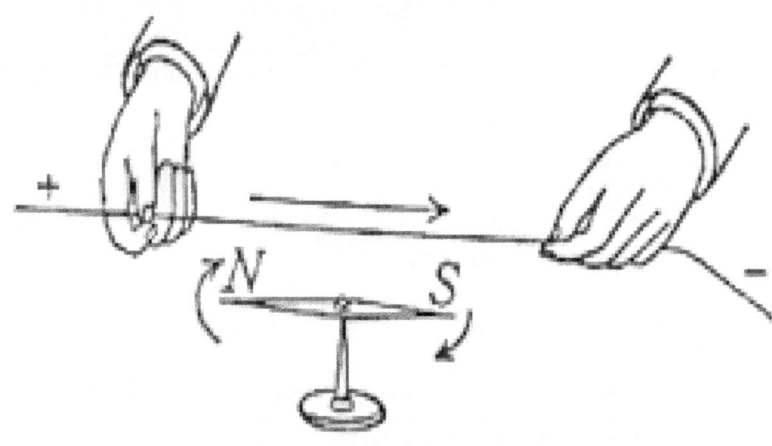

Image [34A]

Rick Groleau, écrivain et directeur de la publication des articles scientifiques de la maison 'Nova' d'éducation des sciences aux États Unis, nous en dit un peu plus lorsqu'il explique en outre:

« *Quand un courant électrique passe par un fil métallique, un champ magnétique se forme autour de ce fil. C'est le principe de base qui permet aux moteurs électriques et aux générateurs de fonctionner.* » [35]

Image de Hans Christian [36]

Autres exploits réalisés par Hans Christian :

« *En cette mémorable année 1822, (Hans Christian) Oersted, physicien danois, tenait dans ses mains un morceau de fil de cuivre, rejoint par ses extrémités aux deux pôles d'une pile de Volta. Sur sa table était posée une aiguille aimantée sur son pivot, et il a soudainement vu (par hasard me direz-vous, mais le hasard ne favorise que l'esprit qui y est préparé), l'aiguille se déplacer et prendre une position tout à fait différente de celle que lui assigne le magnétisme terrestre. Un fil parcouru par un courant électrique dévie une aiguille aimantée de sa position initiale. Voilà, messieurs, ce fut la naissance du télégraphe moderne ».* Louis Pasteur- [37]

Si une civilisation ancienne d'une telle intelligence pouvait arriver à une conception aussi naturelle, pour créer une batterie en n'utilisant que des roches formées par le dessous de la Terre, la sagesse et la curiosité scientifique doivent nous obliger à nous poser encore un questionnement : pourquoi a-t-elle choisi d'utiliser seulement les roches et les minéraux formés depuis l'intérieur de la Terre ? Eh bien, à la vue des investigations menées si loin, je ne peux que deviner qu'il est possible que les ingénieurs résolvaient un problème qui ne pouvait que provenir des profondeurs de la terre. Et si cela se révèle être vrai, Groleau nous en dira un peu plus dans ce qu'il ajoute ci-dessous :

« À l'intérieur de la terre, le métal liquide qui constitue son noyau externe traverse un champ magnétique qui génère un courant électrique qui circule à l'intérieur de ce métal liquide. Ce courant électrique, à son tour, crée son propre champ magnétique, plus fort que le champ magnétique primaire. Comme ce métal liquide passe à travers un champ fort, le courant circule, cela accroît le champ encore plus loin. Cette boucle d'auto-maintenance est connue comme la dynamo géomagnétique. » [38]

D'autres idées ont émergé pour tenter d'expliquer le phénomène scientifique de dynamo géomagnétique qui a lieu à l'intérieur de la terre. Sur ce sujet, nous allons avoir recours à un éminent professeur et spécialiste dans le domaine : il s'agit du professeur J. Mervin Herndon, titulaire du Phd en Géosciences, auteur de plus de quatre ouvrages de recherches traitant du sujet des sciences de la structure interne de la terre ; voici un extrait d'un de ses articles en 2007, où Herndon présente la preuve évidente : « *d'une sous-couche géoréacteur qui est une boue ou un fluide* », et a suggéré que « *le champ magnétique terrestre est produit par un dynamo-mécanisme opérant dans la sous-couche géoréacteur. Significativement, à l'intérieur de cette sous-couche géoréacteur, il n'y pas d'obstacle pour une convection soutenue à long terme; la chaleur générée par la fission nucléaire dans le sous-noyau a pour effet de rendre le fluide se trouvant au fond de la sous-couche plus léger, plus flottable, l'élevant en haut de la sous-couche où il est au contact avec un relativement bon conducteur thermique, dissipateur de chaleur, qui est le noyau interne, lequel est en contact avec un autre relativement bon conducteur thermique, dissipateur de chaleur, le fluide du noyau terrestre. Par conséquent, il n'y a pas d'obstacle à une convection soutenue à long terme dans la sous-couche géoréacteur* ». Cf. image ci-contre pour illustration. [39]

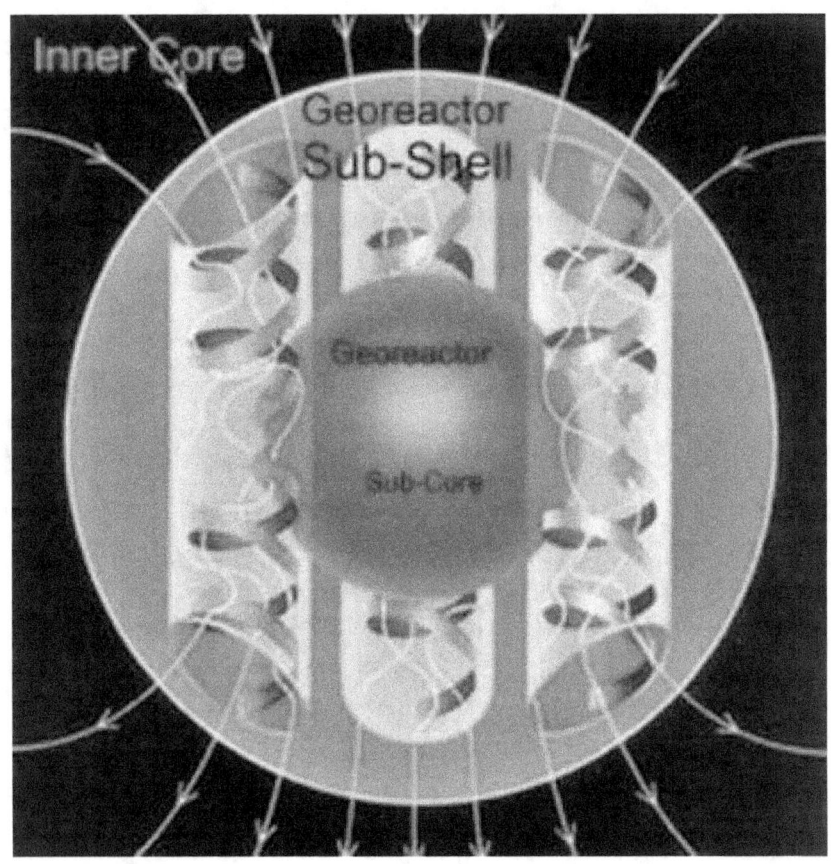

GENIE CIVIL ET PYRAMIDE DE GIZEH

Pour saisir toutes ces explications de dynamo géomagnétisme, si l'on n'a aucune éducation scientifique sur le sujet, cela peut s'avérer être une tâche difficile si on cherche à avoir une compréhension logique et appréhender comment les pyramides en tant que batteries étaient utilisées pour apporter de l'énergie à l'intérieur de la terre. Pendant que je m'interrogeais honnêtement sur l'explication du déroulement de ce phénomène entre les pyramides et l'intérieur de la terre, je me souvins d'un autre Rêve que j'avais fait et qui illumina ma compréhension en me redonnant confiance.

Le deuxième Rêve que j'avais eu cette nuit-là indiquait clairement que le concept de « fosse septique » était aussi ajouté à la construction des Pyramides, et particulièrement à la pyramide de Khéops.

Dans ce Rêve, j'étais assis dans une salle de classe *où* un professeur dont que je ne voyais pas le visage dispensait un cours sur les fosses septiques. J'étais en train de suivre le cours avec attention, lequel traitait du processus d'élimination des déchets de la toilette jusqu'à la fosse septique en dessous de notre maison. Bien que je ne puisse pas voir le visage de l'enseignant, j'écoutais sa leçon avec la démonstration visuelle devant moi. Quand je me suis réveillé, j'étais un peu effrayé car cela me semblait très étrange. Pourquoi étais-je en train d'être introduit à un cours sur le système d'élimination des déchets ?

Ensuite pendant que j'étais allongé, ma conscience se détendit : je fis un lien entre ce dernier Rêve et celui qui précédait durant cette même nuit. C'est alors que mon esprit fut introduit au « concept de batterie », et là les deux pôles : (+) et (-) m'étaient montrés clairement.

J'ai laissé s'évanouir ma peur face à la leçon sur le « système d'élimination des déchets », réalisant après un instant, que l'Esprit de Vérité était en train de me révéler le deuxième but scientifique fondamental des Pyramides : c'était facile pour moi de comprendre et de réaliser le concept de la batterie puisque j'étais allé faire des recherches, mais cela m'a pris un mois pour comprendre, absorber et intégrer le concept de fosse septique et comment il est appliqué dans la grande Pyramide de Khéops, précisément.

Pour expliquer ce dernier concept, le modèle m'était enseigné en utilisant celui de notre maison comme exemple. Je pense qu'il serait mieux de partager cette information avec Vous de la même façon que je l'avais reçue : en expliquant le fonctionnement de fosse de la fausse septique qui fait partie de la construction de tous édifices, qu'ils soient à usage d'habitation ou à but commercial ou agricole.

Je dois avouer que j'ai eu des doutes sur cet aspect « génie civil de la pyramide ». Il fut un temps où je pensais qu'il s'agissait seulement des problèmes de la fosse septique de cette maison que l'on me montrait en Rêve. J'ai cru que c'était un message pour que je prévienne la propriétaire des lieux, afin qu'elle fasse une inspection de sa fosse septique. Puis j'ai essayé de comprendre comment j'étais arrivé à vivre dans cette maison qui présentait tant de problèmes.

Poursuivons notre aventure !!!

Lorsque je m'étais déplacé le 04 Juillet 2011 de l'État du Massachusetts pour l'État de Washington, je me suis retrouvé dans la ville d'Everett, à quelques kilomètres de l'endroit où j'ai vécu mes expériences de « Rêves de Pyramide. » Je ne voulais pas quitter l'état de Massachusetts que j'aimais tant, car je venais il y a quatre mois de publier mon premier livre ; je fis un songe. Dans ce Rêve, un homme m'est apparu et m'invita à faire quelques pas avec lui, insistant pour que je parte dans l'état de Washington. Pendant que nous marchions comme de bons vieux amis, je percevais le coucher du soleil devant nous à l'horizon.

Je me plaisais à vivre dans la ville de Boston et voulais y rester longtemps pour commercialiser mon premier livre ; il fallut vraiment quelqu'un envoyé par la providence qui me demande sagement de changer mon programme ; c'était lui. Pendant que nous parlions et marchions, je ressentais que cet homme était versé dans la haute connaissance scientifique. Il était vraiment gentil et cordial avec sa façon de me dire « que je devrais partir pour l'État de Washington ». Son visage me semblait familier, cependant j'avais l'impression de l'avoir vu quelque part mais je ne pouvais me rappeler *où*.

Une fois arrivé à Washington, évidemment ma situation financière m'obligea à m'adapter ; c'est ainsi que j'ai pu trouver une chambre à louer en échange d'assistance auprès de cette vieille dame de race blanche, d'environ 70 ans. Je n'aimais ni le quartier ni la maison de cette dame, mais je me souvenais d'un Rêve dans lequel je cohabitais avec une vieille femme très âgée qui avait grand besoin de mon aide ; et comme j'étais professionnellement entraîné à aider les personnes âgées dans le besoin, je décidai alors d'y rester. Et maintenant, je réalisais que ce n'était pas un hasard que je me sois retrouvé dans cette maison.

Alors que la bonne vieille Dame vaquait à ses occupations, -et comme elle étudiait également les songes- je lui racontai le Rêve de la « fosse septique ». Elle expliqua en retour que la maintenance de sa « fosse septique » faisait défaut depuis des années, et avait grand besoin d'être vérifiée.

Cette discussion entre elle et moi augmenta ma curiosité à comprendre le fonctionnement des fosses septiques ; concrètement cette dame me demandait de chercher des solutions simples, sans grosse dépense pour améliorer la fosse de sa maison. Ainsi donc commencèrent mes investigations sur ce sujet concret ; et inspiré par mon Rêve, j'ai trouvé l'explication dans un texte écrit par un expert de ce domaine (Département Américain de la Santé, Éducation et du Bien-être - the U.S Department of Health, Education and Welfare) :

Les fonctions de la fosse septique :

« Les déchets ménagers liquides non traités (eaux d'égouts) vont faire obstruction s'ils ne sont pas traités. La fosse conditionne les déchets liquides de sorte qu'ils s'infiltrent rapidement dans le sous-sol de la terre. Par conséquent, la fonction importante d'une fosse septique est de fournir la protection de la capacité d'absorption du sous-sol.

Trois fonctions se mettent en place à l'intérieur d'une fosse pour fournir cette protection :

1. *L'enlèvement des déchets solides. Le colmatage du sol avec l'écoulement de la fosse varie directement en fonction de la quantité des déchets solides suspendus dans l'eau. Lorsque l'eau usée venant d'un branchement d'égout rentre dans une fosse septique, son débit est réduit de sorte que les gros déchets solides plongent au fond ou restent en surface. Ces déchets solides sont retenus dans la fosse et l'écoulement des liquides est évacué.*

2. *Le traitement biologique. Les déchets solides et liquides dans la fosse sont soumis à une décomposition par des processus bactériens et naturels...*

3. *Le stockage de la boue et de l'écume. La boue est un tapis partiellement immergé des déchets solides qui peuvent se former à la surface des déchets liquides de la fosse. La boue et l'écume, à un degré moindre, seront évacuées et compactées en petit volume...*

Si elles sont construites, maintenues et utilisées adéquatement, les fosses septiques sont efficaces pour accomplir leur but.

En bref, les contenus liquides dans l'égout de la maison(a) sont évacués premièrement dans la fosse septique(b), et finalement dans le champ d'épuration souterrain(c) ».

[40]

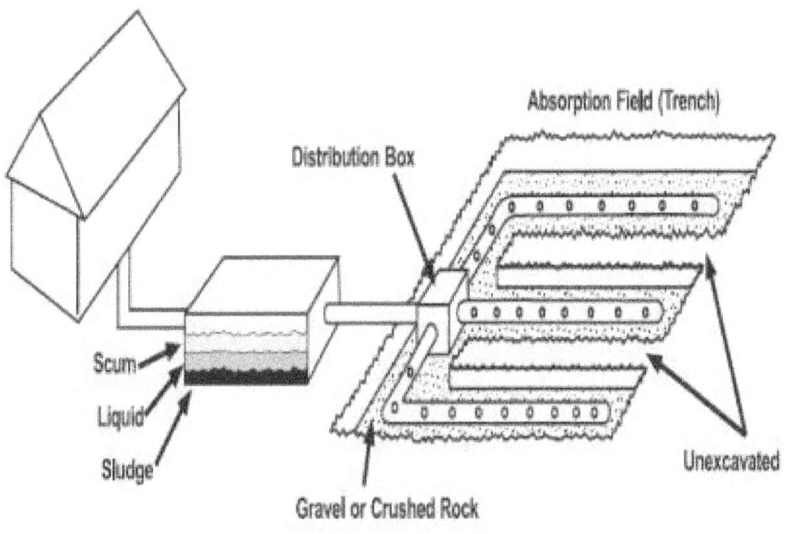

Image [41]

N'étant pas spécialiste des fosses septiques, mais après avoir lu les explications précédentes, j'ai commencé à comprendre comment cela marche dans la Pyramide de Khéops. Ensuite, j'ai cherché des documents audio visuels sur internet ; et j'ai pu accéder à une compréhension associable à l'étude du Rêve relatif aux Pyramides. Cette vidéo You Tube est intitulée : « It's all connected.

An Overview of on-site septic systems » par la compagnie Dig It Excaving Inc. [42].

En regardant l'intérieur des images de la Pyramide de Khéops, je pouvais maintenant comprendre que la présence de la chambre du roi, la grande galerie, la chambre de la reine, la grotte, le premier passage descendant, le bouchon de granite vers le passage descendant, le passage descendant menant à la chambre souterraine sont la description du fonctionnement d'une fosse septique. Mais dans le cas de la Pyramide de Khéops, nous n'avons pas affaire aux « contenus liquides venant d'égouts domestiques » ; il s'agit plutôt de produits chimiques et d'eau, éléments utilisés pour créer une batterie fonctionnelle. C'était une civilisation très intelligente pour utiliser ce concept de fosse septique domestique pour éliminer ce qui n'était pas nécessaire dans le but d'accomplir le résultat souhaité : ce qui nous conduit en sous-sol.

On peut ainsi poser l'hypothèse que le concept de la fosse septique était certainement utilisé dans leurs maisons, et qu'ils avaient maitrisé cette connaissance en créant la Pyramide (qui s'avère être de surcroit un modèle de batterie). Voici l'illustration du schéma de fosse septique à l'intérieur de la pyramide :

Or la plupart des grandes pyramides furent construites près de l'eau (afin de faciliter les évacuations ?!)

L'ELECTROMAGNETISME ET LES PYRAMIDES

Les questions que je m'étais posées sont les suivantes :

- Que cherchaient à accomplir les constructeurs grâce au « concept de la fosse septique » ?

- Pourquoi voulaient-ils perdre leur temps en jouant avec les courants électriques et les gaz, en les envoyant sous la terre (le noyau de la terre) en utilisant le processus de fosse septique et de la gravité ?

Après mes recherches associant le « concept de la batterie » au schéma de la fosse septique, je pouvais maintenant comprendre comment le processus chimique a été utilisé depuis la chambre du Roi à celle de la Reine où il y avait mélange ; et comment ce mélange était transmis séparément par des tranchées depuis la grande galerie jusqu'à la grotte, en empruntant un passage descendant pour finalement atteindre la chambre souterraine.

Cependant, j'étais toujours curieux de savoir comment l'électricité et les ondes magnétiques pouvaient traverser les rochers et les pierres pour atteindre le noyau terrestre, but final de la construction.

En lisant « North Pôle, South Pôle » de Gillian Turner, j'ai découvert la réponse à mes interrogations. Son livre m'a beaucoup appris au sujet de l'électromagnétisme (je le recommande à toute personne intéressée pour apprendre davantage sur ce sujet). Ainsi j'ai découvert que les ondes électromagnétiques peuvent traverser des corps solides : ce qui pourrait expliquer pourquoi un aimant peut attirer le fer à distance grâce à ses ondes magnétiques, même en traversant des barrières telles qu'une pierre.

Parlant de la propagation électromagnétique, Gillian Turner précise :

« *Selon les analyses de Maxwell, la vitesse des ondes électromagnétiques dépendait juste de deux paramètres : la perméabilité électrique et la permittivité magnétique, lesquelles exprimaient respectivement les propriétés électriques et magnétiques d'un espace libre... Maxwell était capable de montrer que les ondes électromagnétiques précitées avaient traversé à une vitesse indiscernable les meilleures mesures de la vitesse de la lumière.* » [43]

En élargissant mes connaissances sur le sujet, j'ai aussi acquis quelques renseignements précieux grâce à une conférence relative au déplacement des ondes électromagnétiques.

Dans une conférence intitulée « Les lois physiques de l'Énergie et l'Environnement », en parlant de la vitesse de la lumière, le Professeur Dean Livelybrooks [44] nous enseigne au sujet des **ondes électromagnétiques** les éléments suivants :

« *Les ondes électromagnétiques comprennent la radiation que nous recevons du soleil et d'autres sources. Les rayons X, la lumière visible, les ondes radio et les micro-ondes sont tous des exemples de la radio EM.*

Ces ondes sont caractérisées par :

Period (T)	the time {seconds} between crests of the wave)	
Frequency (f)	The inverse of period-- 1/T {in 1/seconds}. How fast a wave is bouncing up and down? ("color" of wave).	
Wavelength (□)	the distance {meters} between crests of the wave at a given time	
Wave Speed (v)	The distance the crest of one wave moves in a second {meters/second}. The speed of most everyday EM waves is close to the speed of light, "c," approx. 300,000,000 m/s.	

La Période temporelle(T) : la durée {en secondes} entre les crêtes de l'onde.

La Fréquence(f) : l'inverse de la période temporaire −1/T {en 1/secondes}, À quelle vitesse une onde rebondit elle de haut en bas (« Colleur » d'une onde).

La Longueur d'onde (□) : la distance {mètre} entre deux crêtes d'une onde à un temps donné.

La Vitesse d'onde (v) : la distance que la crête d'une onde parcourt en une seconde {mètres/seconde). La vitesse des ondes EM de tous les jours sont proches de celle de la lumière, « c », approximativement 300 000 000 m/s.

Les travaux de Gillian Turner arrivaient à moi juste au bon moment : les informations qu'ils contenaient m'ont soutenue dans mes idées ; je pouvais ainsi mieux expliciter ma contribution à la « la fonction des Pyramides » et les proposer à un vaste public. Mon prochain défi était de cerner de mieux en mieux la finalité de la construction des Pyramides. Cf. le schéma suivant :

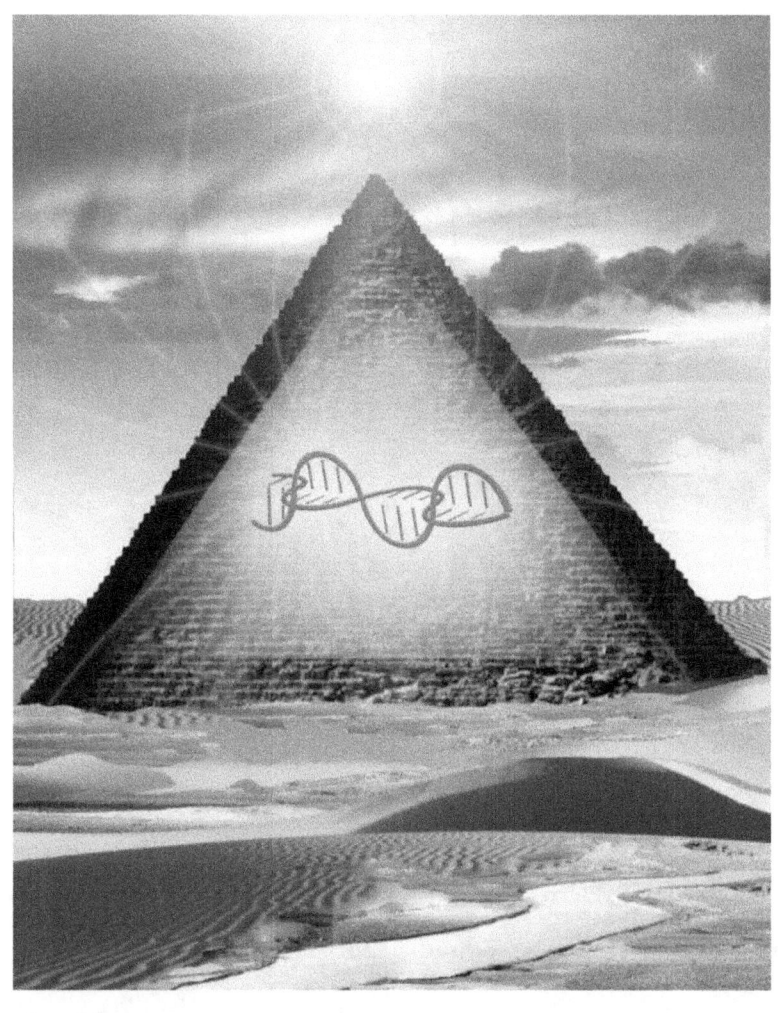

LE MAGNETISME DE LA TERRE ET LES PYRAMIDES

Plus je lisais les travaux de Gillian Turner ainsi que d'autres enquêtes et recherches sur l'électromagnétisme, plus il devenait facile de faire le lien entre ma découverte et la situation à laquelle nous sommes confrontés concernant la couche d'ozone ou le champ magnétique de la Terre.

Tout le système climatique est dépendant du champ magnétique. La biosphère maintient son équilibre par l'existence et la stabilité du champ magnétique. Les animaux utilisent le champ magnétique pour trouver le chemin vers leur milieu de naissance et de destination. Chaque être vivant est affecté lorsque le champ magnétique ne fonctionne pas convenablement.

J'ai découvert, par exemple, que la terre possède son propre bouclier de protection pour prévenir l'infiltration des hautes radiations venant du soleil et de la galaxie. Le champ magnétique existant permet seulement à certaines fréquences d'énergie ou de radiation d'atteindre la terre, de sorte qu'elle demeure habitable.

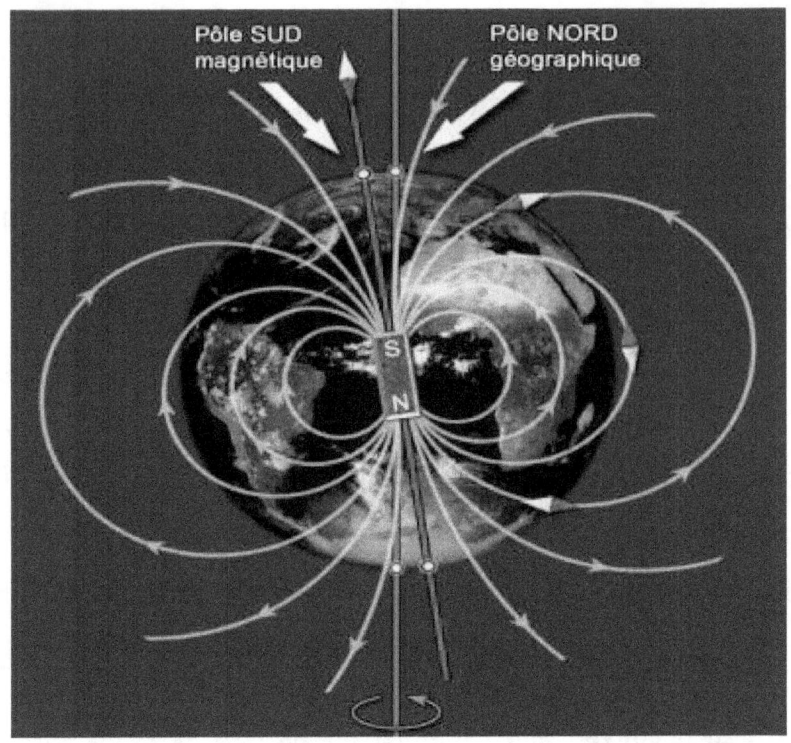

« *Le champ magnétique terrestre que l'on peut aussi appeler champ géomagnétique, est un immense champ magnétique qui enveloppe la Terre, de façon non-circulaire. Aux extrémités de la Terre, c'est à dire aux pôles, c'est l'endroit où l'on trouve l'intensité maximale du champ magnétique terrestre alors qu'il est bien moins intense à mi-distance des pôles.* » [45]

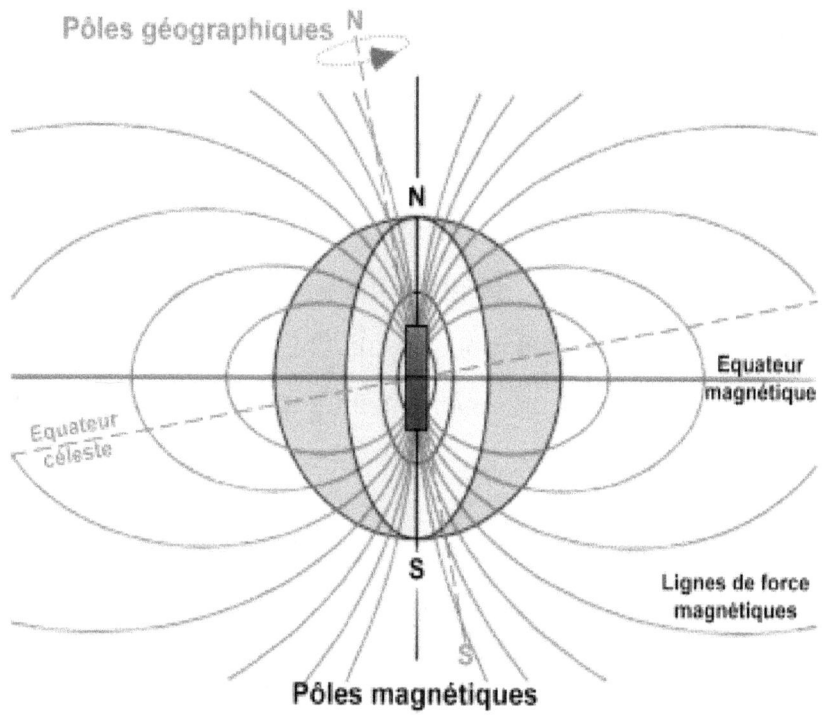

Pôles géographiques

N

Equateur
magnétique

Equateur
céleste

Lignes de force
magnétiques

Pôles magnétiques

« Nous vivons sur un aimant géant : la Terre. Elle se comporte comme un dipôle magnétique. Son axe magnétique, en mouvement, et son axe de rotation géographique ne se confondent pas. » [46]

Comme nous l'apprenons à l'école, l'énergie du soleil favorise la croissance de la végétation via la photosynthèse. Elle fournit aussi un sens d'orientation pour faciliter la migration des animaux et empêche nos eaux (océans, fleuves et lacs, etc.) de devenir trop chaudes de sorte qu'elles ne s'évaporent pas trop vite.

Que pourrait-il arriver si toutes les sources d'eau séchaient ? Qu'arriverait-il si nos cultures mouraient à cause d'une sécheresse sans fin ?

Le champ magnétique maintient aussi l'équilibre entre le froid et la chaleur de sorte que la glace dans l'Antarctique ne fonde pas rapidement, ce qui aurait pour résultat, l'augmentation d'eau des océans, éventuellement un débordement dont l'excès se déchargerait sur les cités, villes et îles proches des océans et des fleuves.

Si vous écoutez ou lisez les nouvelles, plusieurs histoires comme celles-ci ont déjà été reportées à travers le monde.

D'après les scientifiques, le champ magnétique terrestre (ou couche d'ozone) a son origine et son centre situés à l'intérieur de notre planète. Les géologues l'appellent « Le noyau de la terre ».

Sur la base des « informations » inspirées par mes Rêves et qui se sont confirmées par ma recherche, ce noyau est dominé par la présence de fer.

Comme j'étais arrivé à cette compréhension et réalisais l'implication des présences ordonnées des Pyramides paraissant « encercler » la terre plus ou moins à 30 degrés au large de l'Équateur, liant ces Pyramides à la fonction du bouclier magnétique, je m'étais rappelé que j'avais eu un autre Rêve au paravent au sujet de la batterie et de la fosse septique, avant même la visite inattendue à la Pyramide de Khéops. Durant ce Rêve, je ne pouvais pas comprendre sa relation avec les Pyramides et le Noyau (cœur) de la

Terre. Mais une fois que je les ai mis en relation, les uns les autres, ils devenaient concordants.

LE NOYAU DE LA TERRE ET LES PYRAMIDES

Dans ce dernier Rêve, j'avais survécu à une invasion d'étranges apparitions sous forme de machines fabriquées en fer. Elles me pourchassaient et je courais désespérément pour m'échapper à leurs poursuites mortelles. C'était un Rêve effrayant, juste comme une scène d'un film de science-fiction.

Juste après ce Rêve, quelques jours plus tard, j'étais allé à la Bibliothèque de mon quartier (Snohomish, Washington State). Après avoir lu certains articles relatifs aux pyramides, à ma sortie, je décidai de chercher un film pour passer le weekend. C'est donc là que je fus attiré par l'un d'eux mettant en scène l'acteur Américain Tom Cruise : « La Guerre des Mondes ». À mon étonnement, au fur et à mesure que je le regardais, je me rendais compte qu'il y avait, comme par hasard, un lien avec « mon Rêve des machines monstrueuses ». Comment était-ce possible ?! Cette coïncidence me donna des frissons. Et malgré la similitude, je ne faisais toujours pas de rapprochement avec mon Rêve parce que je pensais que c'était juste un Rêve ou un cauchemar.

Nous avons tous des Rêves qui parfois s'avèrent n'avoir aucun sens à priori à notre réveil. En voici le dessin :

Et par enchantement, n'ayant pas encore compris le pourquoi du cauchemar « des machines », une semaine après, je fis un autre songe en continuité avec le précédent avec une seule machine. Je pouvais voir la Terre comme un territoire vide avec une grande chaleur radiante. Il n'y avait pas d'êtres vivants, même pas un arbre, seulement une petite machine mécanique en fer comme un robot avec quatre roues conçue en forme de voiture roulant seule sur une route déserte. Cette machine en fer était maintenant le seul occupant de la rue. Je ne comprenais pas la signification de ce Rêve.

Mais cependant, quelques mois plus tard, lorsque je commençais à étudier au sujet du noyau de la terre, constitué de fer liquide, je commençais à faire un lien entre les Rêves « de machines en métal » et les Pyramides.

Les deux Rêves me montraient en fait que le principal défi de la révélation que j'avais reçue dans mes Rêves sur les Pyramides était en effet basé sur les explications concernant le noyau du magnétisme terrestre.

En suivant la guidance, quelquefois étrange, et initialement incompréhensible de mes Rêves, je continuais mon étude pour comprendre la fonction du noyau terrestre et son champ magnétique. Je devenais convaincu que l'élément de fer apparaissant comme des machines sur la surface de la Terre dans mes Rêves, représentait l'un des constituants principaux du noyau de la terre ; que « ces machines affamées » représentaient le fer à l'intérieur du noyau de la terre qui avait besoin de leur source d'énergie ou « nourriture », et les rayons du soleil représentaient cette énergie.

Si le fer à l'intérieur du noyau terrestre avait donc besoin de nourriture, alors j'ai déduit que cette nourriture ne pouvait être que le courant électrique ou les ondes magnétiques. J'ai maintenant commencé à comprendre ce que le constructeur des Pyramides accomplissait. J'ai commencé à apprécier vraiment le but des Pyramides.

Pendant que je construisais ma propre compréhension sur le sujet, je continuais à chercher la confirmation scientifique à partir d'autres sources au sujet de cette révélation. Et après quelque temps j'en vins à découvrir les travaux de Gillian Turner (que j'ai mentionnés précédemment). Et toujours guidé par l'Esprit de Vérité, je me retrouvai à la belle et grandiose bibliothèque centrale vitrée de la ville de Seattle dans l'intention d'en chercher plus sur le sujet des Pyramides. C'était donc là, comme par enchantement, que je vis ce livre, exposé dans la rubrique des livres de la semaine juste en face de mon regard, sur l'étagère d'affichage « comme s'il m'attendait ».

Rien que son simple titre « North Pole, South Pole - Pôle Nord, Pôle Sud » et le graphique de la planète Terre m'a attiré comme un aimant. « Ce n'est pas possible !», je m'exclamais avec joie intérieurement.

Surpris, le voyant juste là en face de mon nez sur mon chemin au septième étage, dans un des couloirs de la jolie bibliothèque de Seattle, je ne pouvais plus attendre de le lire.

A mesure que je lisais les premières pages, je réalisais qu'en effet l'Esprit de Vérité continuait sérieusement mon instruction sur le sujet des Pyramides et leur relation au champ de la force magnétique terrestre. J'avais l'intuition ce jour-là, que ma recherche et mon instruction sur le sujet étaient sur le point de s'achever.

Le livre était un résumé des découvertes électromagnétiques de plusieurs pionniers jusqu'à nos jours. Puisque je me demandais comment expliquer ce concept du fer sous la terre qui avait besoin de nourriture (ou énergie), la réponse était venue par cette histoire :

« *Dès 1831, Peter Barlow, un mathématicien anglais ingénieur, a écrit un document : Sur l'origine probable de l'électricité et de tous les phénomènes du Magnétisme terrestre* ».

« Barlow avait construit un globe en bois avec les fils en cuivre enroulés autour les lignes de latitude. En passant le courant à travers les fils, il avait produit un champ magnétique similaire en forme de celui qui entoure la terre, et en le faisant ainsi, a démontré que le champ magnétique terrestre pouvait être d'origine électrique.

La question était : Comment les courants électriques devraient être générés à l'intérieur de la terre ? Barlow a suggéré que la chaleur du soleil était transformée en quelque sorte en énergie électrique, mais il était incapable de donner un mécanisme crédible. » [47]

'Mon Dieu, m'exclamais-je avec ahurissement tout en me sentant léger comme une feuille dans le vent, comme si ce simple paragraphe était une intuition de la manifestation physique divine. Je pensais à Barlow, lui parlant comme s'il était à mes côtés, en le remerciant d'avoir commencé les recherches qui aujourd'hui confortaient mes investigations. Bien qu'il ne soit plus de ce monde, cependant par l'Esprit de son travail, je le sentais comme mon divin sauveur !

Après lecture de ce fameux paragraphe, j'étais satisfait de ma compréhension « du fer sous la terre cherchant la nourriture », tout en souhaitant la présence de Mr. Peter Barlow ici avec moi pour jouir de ce moment de vérité. En quelque sorte, moi, une personne n'ayant aucune aptitude ou entraînement scientifique avait réussi à trouver la réponse à sa question à partir de Rêves.

En lisant cette partie d'ouvrage de Peter Barlow, spécialement lorsqu'il a suggéré que l'énergie rayonnant depuis le soleil était en quelque sorte transformé en énergie électrique, renforça mon hypothèse. Je l'ai félicité silencieusement et avec admiration pour son approche de la vérité scientifique.

Au cours de ma lecture, j'ai aussi appris que Madame Inge Lehmann était la première à théoriser que la Terre a un noyau riche en fer. Cela a validé ma vision intérieure sur le sujet.

Quel que soit le nombre de confirmations que j'étais en train d'obtenir, j'étais désireux d'apprendre plus sur une Vérité que je pouvais « juste sentir » avec encore un travail à faire pour pouvoir me la « représenter ».

Cette vérité à l'intérieur de moi a pris naissance avec une autre liste des questions apparemment sans fin: pourquoi cette civilisation si intelligente a construit des batteries (les Pyramides) « pour nourrir le noyau terrestre » avec le courant électrique ou les ondes magnétiques, peut-être pendant des siècles ou des millénaires ?

Pour répondre à ce questionnement, il nous faut quitter notre Planète pour étudier notre voisine proche, la planète Mars.

QUE SE SERAIT-IL PASSE SUR LA PLANETE MARS ?

Depuis deux dizaines d'années, la NASA a fait un travail énorme en envoyant des robots à la recherche d'évènements qui ont pu se produire sur cette planète rouge légendaire, Mars. Un article de 2011 écrit par Nola Taylor Redd déclare :

« *Les astronomes ont trouvé l'évidence que la planète Mars était humide et chaude dans le passé. Des reliefs sculptés par l'eau sur Mars sont simplement une source d'évidence que le liquide a existé une fois dans le passé sur la planète... Pendant les saisons de chaleur, ou après une activité de chaleur en surface suite à des éruptions volcaniques ou l'impact d'un grand météorite, la glace aurait fondu et se serait éclatée et dispersée sur la planète. Puis, les torrents en cours auraient connu des difficultés pour se geler jusqu'à ce qu'ils fondent complètement....* » [48]

Depuis quand les humains s'étaient-ils posé cette question sensationnelle ? Vous demandiez vous si la vie existait sur Mars ?

Le 9 Août 2011, un article : « NASA : ADN sur les météorites indique que la Vie était venue de l'espace », publié dans le compte-rendu de l'Académie Nationale des Sciences a confirmé :

« *Les chercheurs de la NASA ont trouvé des blocs de construction de la vie sur terre dans les météorites, indiquant que les composants pour la vie sur la Terre pourraient être originaires de l'espace...les scientifiques ont trouvé que les parties déjà prêtes*

étaient tombées sur la surface de la Terre sur les objets comme les
météorites et assemblées, sous les premières conditions de la terre,
pour créer la première molécule d'ADN... L'équipe a aussi trouvé
l'hypoxanthine et xanthine, lesquelles ne font pas partie de l'ADN
mais sont utilisées dans divers processus biologiques...on avait
découvert les composants de l'ADN dans les météorites depuis 1960,
mais les chercheurs n'étaient pas sûrs s'ils étaient réellement créés
dans l'espace, ou s'ils venaient au contraire de la contamination
d'une vie terrestre. ... »

Dr. Michael Callaban, chercheur principal du journal *La Découverte*
souligne : *« Pour la première fois, nous avons trois lignes d'évidence*
qui ensemble nous donnent la certitude que ces morceaux d'ADN en
réalité étaient créés dans l'espace ». [49]

S'il y eut la vie sur Mars, alors que s'était-il donc passé ? Nous pouvons spéculer que Mars eut aussi son propre bouclier magnétique. Peut-être, pouvons-nous anticiper la fin de l'histoire, en « concluant intuitivement » que le champ magnétique de Mars aurait disparu, l'exposant à des hauts niveaux de radiations du Soleil et de l'espace. Voir image ci-contre.

Gillian Turner s'est aussi posé cette question :

« Cependant, peut-être que les corps les plus intéressants dans l'intérieur du système solaire sont la lune et Mars. Les roches de leurs surfaces semblent violemment et en permanence magnétisées. Les Portions de la surface martienne montrent des rayures en code

barre alternant avec des roches magnétisées de façon opposée qui rappellent les fonds marins de la Terre. Mars a une dynamo magnétique interne, ou en a eu dans le passé. Si c'est ainsi, Mars a-t-elle connu autrefois l'expérience d'inversion des polarités et la tectonique des plaques ? » [50]

Si le champ magnétique est responsable de la protection de notre planète, il est évident que son affaiblissement graduel et lent ou son revirement pourrait engendrer la destruction de la protection existante actuelle que nous trouvons agréable contre les niveaux de rayonnement plus élevés. Ceci signifie que l'intensité du champ magnétique de la terre est directement liée au comportement de notre climat. Je vais maintenant faire une affirmation : l'affaiblissement du champ magnétique est, sans doute, la cause du changement du climat dont nous entendons parler tous les jours dans les journaux et les bulletins d'information.

LE CHAMP MAGNETIQUE DE LA TERRE ET LE CHANGEMENT CLIMATIQUE

Le cheminement de mes Rêves, ma démarche intuitive devient ainsi validée par la lecture des articles scientifiques précédemment cités ; pourrait-on déduire que plus fort est notre bouclier magnétique terrestre (couche d'ozone), plus la vie est en sécurité sur la terre ?!

Regardons un scénario de revirement graduel. Si le scénario de revirement graduel est en effet responsable de notre changement de climat, que seraient alors les effets d'un tel décroissement graduel du bouclier magnétique de la Terre ?

« La grande masse du liquide extérieur du noyau de la planète, en effet, est constituée du fer fondu », a écrit Lewis Page dans son article scientifique sur *Register (*magazine sur l'environnement), sur internet.

Il poursuit *:* « *C'est tout simplement aussi bien pour nous et toute la vie sur la terre. Cette grosse boule de métal fondu très chaud au-dessus de laquelle nous vivons tous génère un puissant champ magnétique énorme qui éloigne de nous les tempêtes de plasma, les rayons cosmiques et le rayonnement mortel de l'espace, de telle sorte nous ne sommes pas frits et mis hors de l'existence en un seul jour. »* Cf. illustration [51]

Merci à Monsieur Lewis de nous rappeler simplement la réalité du changement climatique. À la vue de ces rapports, au lieu de se concentrer sur le dioxyde de carbone comme cause du changement climatique, peut-être nous pouvons accepter ici que les changements climatiques sont une conséquence directe de l'affaiblissement du champ magnétique de la terre. Essayons d'en apprendre plus sur ce qui pourrait arriver si le champ magnétique graduellement perdait de sa force. La réponse est cohérente avec ce que les chercheurs de climat sont en train de dire sur le réchauffement de la planète Terre.

Il y a plus d'information disponible pour avérer cette théorie. Par exemple, j'ai trouvé sur internet l'article intitulé « Le réchauffement global » confirmé par une étude indépendante.

« La surface de la terre est de plus en plus chaude, une nouvelle analyse faite par un groupe de scientifiques américains constitué en marge de l'affaire 'Climatgate' a déposé ses conclusions. Cette information ne vient pas d'une source suspecte de nouvelles. C'était rapporté par Richard Black, un correspondant 'du Journal d'Environnement de la BBC,' considéré comme une organisation fiable en matière de reportage scientifique.

« Le groupe Berkeley a remarqué que le changement de la température dans l'océan de l'Atlantique Nord peut être une raison majeure pourquoi la température moyenne varie globalement d'une année à l'autre... Le groupe a trouvé depuis les années 1950, la température moyenne au-dessus de la terre a augmenté de 1° C. » [52]

Pourquoi la santé de notre planète doit-elle être la préoccupation de toutes les nations et de toutes les croyances religieuses et spirituelles ? Pourquoi serait-il si important et urgent pour nos scientifiques de prendre note de cette nouvelle piste :

l'aspect scientifique du modèle des Pyramides construites dans les temps Anciens ?

Si mes Rêves ont un sens, et ma recherche guidée par l'intuition, telles que sont transcrites les pages précédentes, j'en arrive en guise de conclusion : « il est important d'implanter une équipe de Chercheurs internationaux pour contribuer à tester la validité des révélations scientifiques des Pyramides, tant que les conditions climatiques le permettent, dans le but de réduire l'impact négatif de dégâts, conséquences du changement climatique à venir.

Voilà mon message.

Avons-nous inconsciemment, et graduellement, atteint un tel état de maladie ou attendons-nous paisiblement une destruction certaine ? Avons-nous été aveuglés pour ne pas reconnaître la cause et les solutions du problème, à cause de desseins à courte vue, d'intérêts politiques toxiques irrésistibles et de dogmes et d'intolérances religieuses ?

Les peuples civilisés de toutes les nations et de toutes les croyances, ne peuvent-ils pas au nom de l'humanitarisme et de la survie, se mettre ensemble, en un partenariat unifié, pour apprendre à maîtriser cette nouvelle technologie ?

Je suis guidé depuis l'intérieur de mon cœur à fournir librement aux scientifiques de notre planète bien aimée ce livre, dans l'espoir de minimiser l'impact de la destruction qui nous attend, dans le but de préserver la riche diversité de la vie sur la planète Terre, et de garantir un héritage aux générations futures.

Peut-être ces civilisations oubliées, hautement évoluées du passé, étaient-elles les peuples sages qui ont construit les Pyramides autour de la Terre, avec le but ultime qui s'est dévoilé à travers mes Rêves et recherches.

Ces peuples ont probablement rencontré des défis similaires durant leur époque ; il est possible que certains Individus aient été à l'écoute de leur Rêves profonds, étant amenés à développer « des solutions scientifiques » pour protéger la Terre. Ainsi je suis ici, une simple personne sans qualification scientifique requise en la matière, mais espérant que ce que j'ai appris, devrait aboutir à des Actions pour que nous puissions suivre leurs cheminements. Et à notre tour, nous pourrions aider les générations futures à vivre et à résoudre les mystères de la Vie.

Les Anciens, oubliés, nous ont laissé un très grand nombre de signes depuis des millénaires, afin de nous avertir des problèmes du champ magnétique qu'ils avaient rencontré et comment ils l'ont traité.

Dans les lignes Nazca (le désert Nazca du sud de Pérou), ils nous ont laissé un symbole particulier sculpté sur une roche, pointant le Nord et le Sud. Maintenant essayons de les examiner plus attentivement.

Marshall Brian, le fondateur de *HowStuffWorks*, explique les bases du fonctionnement de la boussole :

« *La raison pourquoi une boussole marche est [plus] intéressante. Il s'avère qu'il faut prendre la Terre comme ayant une gigantesque barre magnétique enterrée à son intérieur. Dans le but d'avoir l'extrémité Nord de la boussole pointée vers le pôle Nord, vous devez supposer que la barre magnétique enterrée à son extrémité Sud est au Pôle Nord...Si vous pensez le monde de cette façon, alors vous pouvez voir que la loi normale d'attraction des opposés des aimants dirigerait l'extrémité nord de l'aiguille de la boussole pointer vers l'extrémité sud de la barre de l'aimant enterrée. Ainsi l'aimant pointe vers le Pôle Nord.* » *Image ci-contre.* [53]

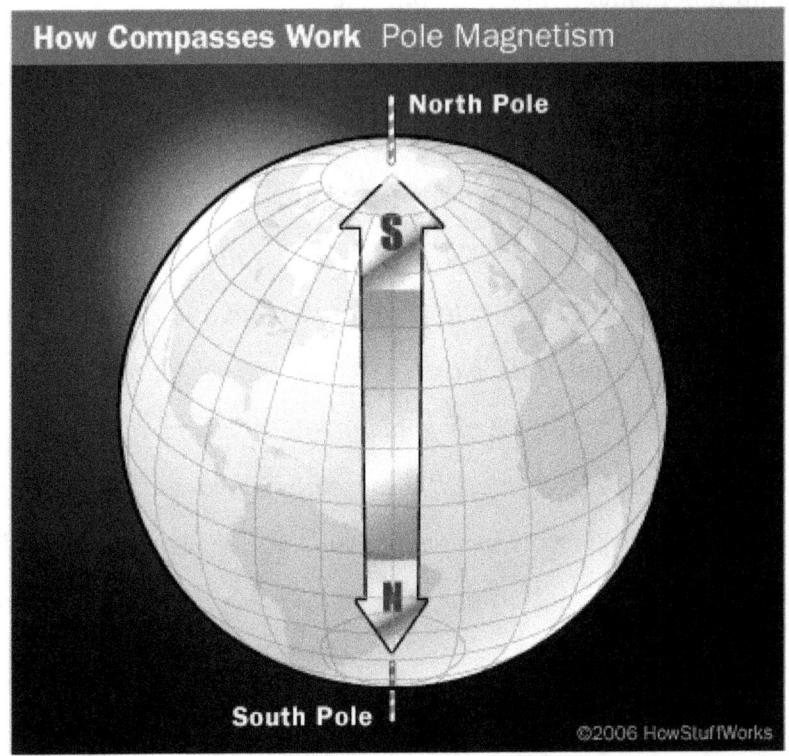

Laissez-moi vous rappeler encore que c'est à cause du magnétisme de la Terre que nous sommes capables de trouver notre direction autour du globe avec l'utilisation de la boussole. Le règne animal dépend de sa boussole interne pour trouver son chemin à travers la planète. Ici encore nous pouvons dire combien le champ magnétique de la terre est crucial pour toute vie. Récemment, une question a été posée encore et encore au monde scientifique : Qu'arriverait-il si le champ magnétique terrestre inversait sa polarité ? Aujourd'hui, il montre le nord ; mais que se passerait-il si dans un futur proche, il commence à pointer soudainement vers le sud :

« Un changement dramatique dans le champ magnétique terrestre pourrait-il affecter les créatures qui s'appuient sur lui pour leur migration » ? Un article de Peter Tyson, éditeur en chef de Nova online, nous éclaire sur la question :

« Lorsque j'ai lu récemment que notre bouclier magnétique de la planète s'affaiblissait rapidement et serait sur le point d'inverser sa polarité, entraînant la boussole à montrer le sud, je m'étais immédiatement demandé ce que cela pourrait signifier aux tortues et autres espèces qui utilisent le champ magnétique pour s'orienter et trouver leur chemin. Pourraient-elles résister à une diminution significative de la force du champ magnétique ou même de son inversion ? Des extinctions et même des extinctions massives pourraient pointer à l'horizon ? » [54]

Bon. Mettons de côté l'idée que les animaux pourraient être capables de s'ajuster à l'affaiblissement ou l'inversion du champ magnétique terrestre. Discutons simplement l'effet de changement de pôle sur nous les humains ? La découverte scientifique de l'utilisation des Pyramides démontre clairement que l'intensité du champ magnétique terrestre est liée au comportement de notre climat, ayant comme résultat le changement climatique. Pour nous donner une idée de ce qui pourrait arriver, voici un extrait d'un article intitulé « Vagues de chaleur, inondations et tempêtes » écrit par le staff du msnbc.com.

« Les meilleurs scientifiques internationaux sur le climat et les experts des catastrophes se réunissant en Afrique avait un message vif destiné aux leaders politiques du monde concernant les changements de climat : soyez prêts pour des événements météorologiques plus dangereux et imprévisibles engendrés par le réchauffement global... C'est la première fois que des groupes scientifiques ont mis l'accent sur les dangers des événements météorologiques extrêmes tels vagues de chaleur, inondations, sécheresse et tempêtes...» [55]

La sagesse nous contraint à nous inquiéter quand une catastrophe naturelle frappe notre voisin, à chercher les causes et apprendre comment éviter une catastrophe identique se dirigeant vers nous.

À la suite d'un article de 2011 publié par le rapport de Pallab Ghosh « L'avertissement de migration du changement climatique », un correspondant scientifique de BBC News rapporte :

« Le rapport de la commission gouvernementale avertit des catastrophes humanitaires à cause du changement climatique... Le Professeur Sir John Beddington, scientifique en chef du gouvernement, qui a dirigé l'étude, a dit que le changement de l'environnement pourrait frapper les régions les plus pauvres du monde plus durement et que des millions des gens, par inadvertance, pourraient migrer vers des lieux encore plus vulnérables ou exposés, au lieu de s'en écarter.... Ces populations seraient prises au piège

dans des conditions dangereuses et incapables de se déplacer en sécurité. » *[56]*

Dans un autre article de Science et Environnement de la BBC News : « IPCC : le risque de l'impact climatique devrait augmenter », l'auteur rapporte : la menace de conditions météorologiques extrêmes est susceptible d'augmenter si le climat du monde continue à se réchauffer. Il précise :

« Il y a eu des tendances statistiquement significatives de nombreuses précipitations abondantes dans certaines régions... La vitesse maximale du vent dans le cyclone tropical moyen est susceptible d'augmenter, même si ces augmentations ne se produiront pas dans tous les bassins océaniques...que les petites îles aussi bien que les montagnes et les villages côtiers étaient susceptibles d'être particulièrement vulnérables à l'augmentation du niveau des océans et aux très hautes températures, dans les pays développés et sous-développés... Une étude publiée en 2009 a montré que les ouragans en Amérique du Nord étaient plus fréquents que dans les 1000 années passées, et tandis que les auteurs nous disent que le niveau actuel d'activités était inhabituel, ils se sont arrêtés à mi-chemin pour suggérer qu'il y avait un lien direct avec le réchauffement du monde...» *[57]*

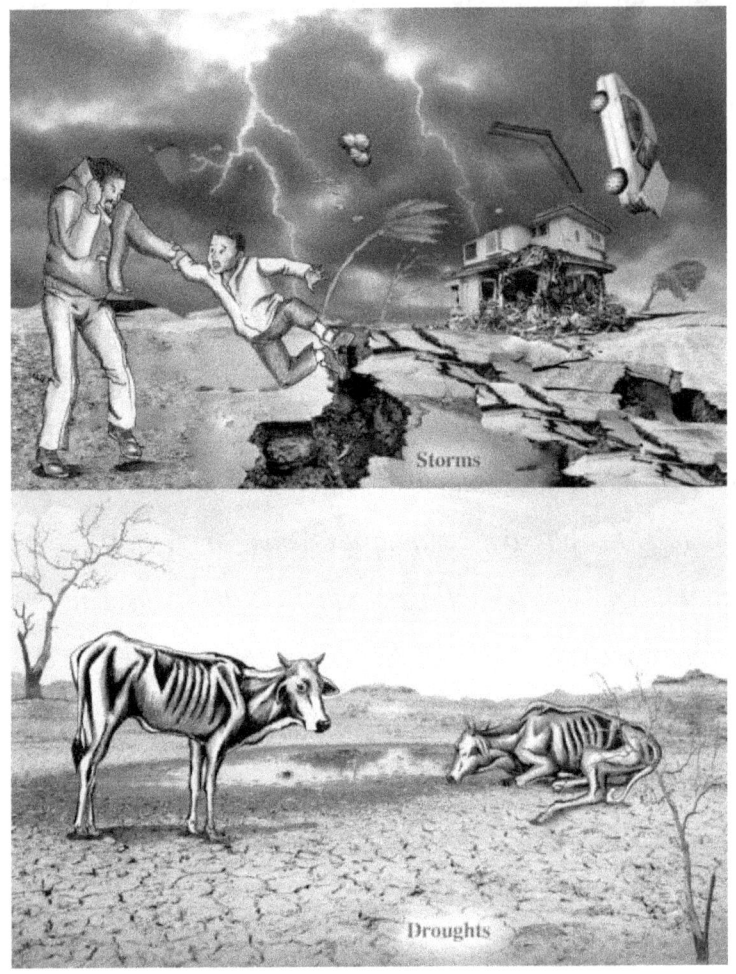

Le Professeur Mike Hulme, professeur du changement climatique à l'Université de Angile Est, au Royaume Uni, a dit que le réchauffement climatique pourrait créer un plus grand risque à cause des phénomènes météorologiques extrêmes, mais il serait difficile de préciser quels événements seraient les résultats de gaz à effet de serre. Hulme mentionne que les impacts des conditions climatiques extrêmes avaient des effets cumulatifs, lesquels n'ont pas été correctement évalués.

Le Comité International du Changement Climatique (en anglais IPCC), organisme principal de l'évaluation scientifique de changement climatique avait été créé par le Programme des Nations Unies pour l'Environnement et l'Organisation Météorologique Mondiale (en anglais WMO) en 1988; sa principale mission a été de produire des Rapports d'évaluation réguliers.

Ainsi les questions sont les suivantes : est-il trop tard ? Que pouvons-nous faire ?

Bientôt, lirons-nous encore des reportages probablement dramatiques en lien avec le changement climatique ?

Souhaiteriez-vous jouer votre responsabilité tout en sauvant la Planète, en garantissant un avenir aux futures générations ?

Humblement, je soumets à votre attention ma démarche personnelle ; ainsi s'est inscrite ma profonde préoccupation pour l'avenir, sous tendue par les Rêves prémonitoires qui m'ont été donnés (les buts scientifiques des Pyramides !)

Je souhaite demander aux Nations Unies de se réunir, de travailler main dans la main quelles que soient les différences politiques, sociales et religieuses afin d'apprendre à maîtriser l'énergie naturelle sur le modèle transmis par les Pyramides. Faire l'effort de récolter pour bénéficier de ce nouveau type d'énergie naturelle qui nous vient du soleil ; utiliser la haute technologie contemporaine pour améliorer et changer nos conditions de vie.

C'est notre devoir de penser à l'avenir des futures générations. Si nous n'intervenons pas maintenant, leurs problèmes seraient d'autant plus dramatiques et catastrophiques.

NOTES DE SAGESSE :

Mes intuitions sur le but scientifique des Pyramides expliquent clairement qu'il existe des solutions pour affronter et « contrôler » le problème du changement climatique. Cela peut prendre au monde quelques mois ou des années pour apprendre complètement, comprendre l'a, b, c et z de la construction opératoire des Pyramides, et les mettre ensemble pour un meilleur usage.

Peut-être que la Planète Terre et la myriade des formes de vie qui existent seront les bénéficiaires de notre connaissance des Pyramides. La Pyramide : modèle significatif de « batterie », ou encore lieu de résidence pour nous les Ames de toutes croyances dans le cycle de Kali Yuga (Age de Fer).

Personnellement j'ai écrit ce livre de révélations pendant un court laps de temps ; j'y ai été contraint et inspiré par la Force Divine, laquelle m'a accordé cette mission. Le but final est de porter tout cela à votre attention de manière rapide.

Dans ce livret, finalement, je n'ai transmis que des connaissances basiques concernant notre Sujet ; il y aurait bien des compléments à rajouter. Je souhaiterais sensibiliser le monde politique et scientifique à mon humble cause : approfondir ce « modèle » révélé par construction des Pyramides, modèle que l'on pourrait transcrire de façon contemporaine.

Et dans l'hypothèse ou des scientifiques ou chercheurs seraient désignés dans ce but, par exemple avec le sponsorship de gouvernement, je suis prêt à fournir un complément d'informations aux Personnalités intéressées.

Après les découvertes et révélations dont je porte aujourd'hui témoignage, je souhaiterais en encourager l'enseignement à nos enfants.

Je partage avec des millions de personnes l'espoir que la Terre continuera d'être un beau terrain d'apprentissage et de survie pour les Ames que nous sommes : êtres spirituels de passage, qui apprenons à expérimenter l'amour Divin en chacun de nous, à aimer le Créateur, l'Intelligence suprême : origine de toute la galaxie, du Soleil et de la Terre, de toute Science des origines de notre monde.

Je clôture cette « hypothèse concernant les Pyramides » en vous proposant de partager les trois anecdotes suivantes :

La première est une histoire extraite du livre : « In The Company of ECK Masters - En compagnie des Maîtres ECK » de Phil Morimitsu. Il s'agit d'une expérience « hors du corps » avec le Maître des Rêves, où Phil a fait un retour dans le passé, à l'une des périodes cruciales du peuple de l'Atlantide. Notre civilisation a connu l'existence de l'Atlantide grâce à Platon et ses écrits, notamment dans son livre : « Timaeus et Critia ».

Lors de cette expérience spirituelle ultime, Phil a rencontré un philosophe et homme sage qui lui dit :

« Vous voyez, chaque organisme dans cet univers physique a une aura (champs magnétique), qui agit comme protection dans les mondes extérieurs comme dans les mondes intérieurs. Chaque homme a une aura ; même la planète en a une. La santé de cette aura dépend de l'équilibre entre le flux entrant et sortant du courant de la Force cosmique. Le courant entrant est nécessaire pour maintenir la vie et lui apporter une nouvelle énergie. Le courant sortant est utile pour le redonner au monde extérieur, ainsi le processus peut se répéter de lui-même. Simplement comme vous et moi devons inhaler et exhaler l'air pour vivre...

Si vous inhalez beaucoup trop, sans exhaler la quantité correspondante, votre thorax deviendra gonflé. L'air devrait s'éliminer d'une manière ou une autre, sinon vous mourrez. Pareillement, si vous exhalez beaucoup trop sans inhaler convenablement, vous n'aurez pas assez d'air pour survivre, et la mort s'en suivra.» [58]

Cette seconde anecdote est écrite par moi-même comme une autre analogie de la compréhension de la Terre et de son champ magnétique.

Lorsqu'une femme est enceinte, elle nourrit son bébé à partir de la nourriture qu'elle mange et l'eau qu'elle boit. Si elle s'arrête de manger et de boire, le bébé commence à survivre de la réserve du corps de sa mère. Mais si la mère persiste à ne pas se nourrir, le bébé mourra éventuellement, entraînant la mort de la mère puisque son corps ne saurait survivre. Par conséquent, de la même manière que nous prenons de la Terre : le bébé représente le noyau de la terre ; ainsi nous devons aussi apprendre à nourrir le noyau afin de la garder en vie et de façon durable.

La dernière est une réflexion profonde d'Ignatius Donnelly. Qui était-il ? Court rappel de sa biographie par Lisa Duded (Printemps 2006) :

« Il était né le 3 Novembre 1831, à Philadelphie, Pennsylvanie. Ignatius était devenu la plus connue et la plus oubliée des figures de l'âge politique réformiste des années 1800. Il était impliqué dans le mouvement politique du parti majoritaire indépendant, actif dans le Midwest de 1870 jusqu'à sa mort en 1891. En plus d'avoir une carrière politique bien remplie, Donnelly était un orateur prolifique, le fondateur et éditeur de plusieurs journaux, et l'auteur de plusieurs livres et romans. Il vécut en poursuivant plusieurs carrières, souvent simultanément. En outre, chacun des projets entrepris avait été réalisé avec la même vigueur et ténacité ». [59]

Donc, ce fut à cause de sa défaite politique qu'il se voua à la recherche des preuves de l'existence physique du continent de l'Atlantide. L'histoire nous raconte qu'il s'enferma pendant des heures et des jours dans la bibliothèque du Congrès, dévorant tous les livres et articles traitant du mythe de l'Atlantide. Finalement, comme pour contre balancer son échec électoral, il regagna la popularité de ses concitoyens en publiant son livre : « Atlantis le Monde Antédiluvien » qui fut un bestseller. Il suscita un grand intérêt de la part des lecteurs et notamment du monde scientifique, à la recherche des évidences de l'existence du continent mythique de l'Atlantide. Il écrit :

« En religion, les Atlantes avaient atteint toutes les grandes pensées que soulignent nos croyances modernes. Ils étaient arrivés à la conception d'une seule Première grande Cause, universelle, omnipotente. Nous trouvons l'adoration de ce Seul Dieu au Pérou et à l'ancienne Égypte. Ils regardaient le soleil comme un emblème puissant, un instrument de ce Dieu unique. Une telle conception ne pouvait venir qu'avec la civilisation. Ce n'est que de nos jours que la science a compris la dépendance totale de toute forme de vie terrestre aux rayons du soleil.

...Toutes les conditions du règne animal peuvent être considérées comme dérivées directement ou indirectement de la puissance chimique statique de la substance végétale à travers laquelle divers organismes et leurs capacités sont soutenus ; et cette puissance, à son tour, à partir d'une action cinétique des rayons solaires.

Les courants de vent et de l'océan, les giboulées, glaciers glissant, les fleuves qui coulent, et les chutes de cascade sont les résultats directs de la chaleur solaire. Toute notre machinerie, par conséquent, qu'elle soit mue à travers le moulin à vent ou la roue à aube, le moteur à cheval ou à vapeur – tous résultats de changements électriques et électromagnétiques – nos télégraphes, nos horloges et nos montres- tous fonctionnent à partir du soleil. » [60]

Le Soleil

« *Le soleil est la grande source d'énergie pour l'ensemble des phénomènes terrestres. Du météorologique au géographique, du géologique au biologique, dans la dépense et la conversion des mouvements moléculaires, dérivé des rayons solaires, doit être* cherchée la force motrice de toute cette fantasmagorie infiniment variée.» [61]

A travers les lignes de ce livre, vous aurez compris que le moyen pour **sauver la planète-Terre est d'éviter l'extinction de son Noyau Energétique.**

Or la civilisation des Atlantes l'avait fait en rendant les Pyramides actives. L'avaient probablement réalisé aussi : les Pharaons d'Égypte, les rois du Soudan, les peuples de l'Amérique centrale et du Nord, et ceux d'Europe et bien d'autres, qui avaient eu accès à cette secrète sagesse.

Etes-vous toujours sceptique ? Permettez-moi de vous demander : pourquoi les Pharaons et les rois du Soudan pouvaient-ils permettre la construction de 350 pyramides dans leur voisinage si elles n'étaient que de simples sépultures ? Si vous observez la question du point de vue scientifique au lieu d'une perspective religieuse, vous pourrez arriver à saisir que les Pharaons protégeaient leur territoire, l'Égypte, de quelque chose.

Dans le chapitre 10 du livre « The Complete Pyramide Sourcebook » de John DeSalvo, Ph.D, on trouve cette observation :

« La recherche menée dans ces grandes pyramides en fibre de verre était organisée et exécutée par les institutions russes en Russie et en Ukraine... Utilisant le radar, « l'Institut Technologique et Scientifique de Transcription, Traduction et Réplication » à Kharkiv, Ukraine a confirmé ce qu'ils ont observé une formation ionique *atteignant 2000 mètres au-dessus de la Pyramide et d'une largeur de 500 mètres... Les statistiques ont montré que l'activité sismique diminue dans les régions où les pyramides sont construites. Il a été démontré que des centaines de minuscules séismes se produisaient à la place d'un puissant tremblement de terre. »*

C'est une des évidences capitales dans mon livre. Bien sûr, cette conclusion scientifique par les chercheurs Russes et Ukrainiens a confirmé seulement un aspect de la tension basse des Pyramides comme je l'ai indiqué.

D'autres recherches scientifiques semblent soutenir l'idée selon laquelle, l'énergie cosmique convertie à travers les tours de pierres, construites à base de roches de granite et du minerai de mica-schiste et d'autres éléments naturels, jouait un rôle important dans l'amélioration des techniques de production agricole et par conséquent sur l'élevage, plus précisément dans la fertilisation des terres.

Les constructeurs des Pyramides avaient aussi des connaissances très développées concernant l'influence de l'énergie cosmique sur la végétation. Ces découvertes scientifiques sont mentionnées dans les travaux du Dr. Philip Callahan, entomologiste, radio ingénieur et auteur de nombreux livres et articles scientifiques, relatés par l'écrivain et chercheur, Edward F. Malkowski, dans son ouvrage intitulé : « Ancient Egypt 39,000 BCE – The History, Technology, and Philosophy of Civilization X », dans le chapitre : Stone Towers as Energy Conductors ; un livre que je recommande vivement de lire à tous ceux qui souhaiteront approfondir leurs connaissances dans cet aspect de la science de l'énergie cosmique sur les végétaux.

Dans le même contexte dans le sous chapitre intitulé, « La Fertilisation à l'aide des Pierres - Fertilizing with Stone, » les travaux effectués par l'inventeur et physicien John Burke, démontrent que l'usage de la basse forme d'énergie (les ions) pouvait être utilisée en agriculture pour améliorer la fertilisation des plantes : les plantes grandissent plus vite avec une plus grande productivité sans avoir recours aux produits chimiques, etc. Un grand nombre d'universités et des compagnies de productions des graines agricoles collaborent avec son procédé « Molecular Impulse Response. » Cela donnerait-il une explication scientifique à la présence des sites mégalithiques sur notre planète ? L'electroculture ne serait-elle pas un dérivé du modèle primitif des Pyramides ?

Vous êtes libre de donner votre conclusion sur les résultats de mes recherches. Mais il y a un point que vous ne pouvez pas réfuter : celui de la présence de Mica dans la pyramide du soleil. Ce minéral par son usage actuel prouve que les pyramides étaient des formes de production d'énergie non polluante, et d'énergie renouvelable.

Le « modèle » des Pyramides sont une base pour des solutions scientifiques naturelles afin de résoudre beaucoup de nos problèmes énergétiques sur terre, et en particulier pour nous préparer vis-à-vis des effets du changement climatique.

Rappelons-nous les paroles de cet illustre philosophe :

« Quand ce n'est pas de notre pouvoir à déterminer ce qu'est la vérité, nous devons suivre ce qui est le plus probable. »

-René Descartes

A PROPOS DE L'AUTEUR

Originaire de la République du Congo, à Brazzaville, Bernard Christian Magnongui étudiait l'économie et l'informatique jusqu'à ce que ses plans soient interrompus par la guerre civile. Il a ensuite servi comme assistant au Président de l'Association de Karaté en Afrique du Sud de Johannesburg avant de venir aux États-Unis en 1999.

Il a poursuivi ses études en technologie informatique en 2000 et a travaillé comme agent de crédit et assistant immobilier jusqu'à l'effondrement de l'industrie hypothécaire en 2008. Puis guidé par un Rêve, il est devenu spécialiste des soins directs pour les handicapés mentaux et des personnes atteintes de la maladie d'Alzheimer dans la ville de Austin, au Texas. Cherchant les possibilités de détendre leur esprit, il a reçu sa première inspiration d'utiliser la musique classique comme pouvoir de guérison mentale.

Plus tard, travaillant comme un tuteur volontaire de mathématique au centre de recréation pour enfants dans la ville d'Opelousas, en Louisiane, une deuxième inspiration le guida à encourager les parents à développer un programme de musique classique pour mieux aider dans les études ainsi que dans l'éducation de leurs enfants. C'était un succès retentissant. En large partie, Bernard a compris, à cause du soutien des parents et éducateurs qui ont cru à l'influence de la musique classique qu'il pouvait continuer ses recherches dans ce domaine.

Un prochain Rêve, en Novembre 2009, a détaillé la recherche nécessaire pour écrire et publier son premier livre – La Puissance du son musical – comme un outil pour encourager un tel programme.

Bernard a suivi son inspiration en créant la Fondation de la Musique Classique pour Enfant, une organisation sans but lucratif dédiée à l'éducation des effets (positifs et négatifs) du son musical dans les familles, et d'encourager les enfants à pratiquer un instrument de musique.

En Août 2011, un mois après son déménagement de la ville de Boston, Massachusetts à l'État de Washington, Bernard avait une expérience en dehors du corps dans la Pyramide de Khéops en Égypte et une série de Rêves révélant le but scientifique des Pyramides.

Avec l'esprit d'aventure, après presque un an et sept mois de travail de recherche avec interruption de son travail professionnel, avec peu de revenus, il a choisi de dédier son temps pour continuer son enquête sur le sujet jusqu'à ce qu'il soit en mesure de confirmer sa guidance intuitive au regard du but scientifique des Pyramides et comment elles sont liées au changement climatique.

UN MESSAGE DE LA FONDATION

Jusqu'en date du 30 Juillet 2013, aucune des nouvelles organisations, fondations ou responsables politiques mentionnées ci-dessus ne m'a contacté pour discuter ou apprendre davantage sur ce projet en dépit de mes multiples tentatives de les contacter. En raison de ce silence, spécialement des USA où je vis, et voyant accroître les défis de changement climatique, j'ai décidé de voyager en Europe et en Afrique afin de chercher des soutiens et matérialiser ce Rêve pour le bénéfice de nos enfants et grands enfants et de la planète Terre.

Les révélations scientifiques des Pyramides que j'ai apportées sur le devant de la scène viennent aussi avec ma connaissance intérieure de l'ouverture de la chambre secrète dans la pyramide de Khéops. Une fois les conditions remplies par certains leaders internationaux et scientifiques choisis, je partagerai le second cadeau au monde, un cadeau qui prouvera la validité de mes révélations scientifiques des Pyramides.

Pour votre information, j'inclus le premier communiqué de presse de la lettre ouverte que j'avais adressée aux leaders politiques, dans laquelle je demandais leur assistance.

Seattle, le 3 Février 2012

Lettre Ouverte à l'attention de :

Mesdames et Messieurs Les Présidents, Madame La Chancelière, Mesdames et Messieurs Les Premiers Ministres,

Je vous remercie de votre intérêt pour le livre que je viens de publier, "Les Mystères des Pyramides Résolus : Des Solutions Scientifiques au Champ Magnétique Terrestre et au Changement Climatique ("The Pyramids' Mysteries Resolved: Scientific Solutions to Earth's Magnetic Field and Climate Change"). Le thème du changement climatique étudié dans ce livre est un sujet urgent qui sollicite toute votre attention et votre considération.

Les informations apportées par cet ouvrage sont de la plus grande importance pour la santé de la planète aujourd'hui. La lecture de ce livre vous permettra de mieux appréhender les bouleversements du climat et vous fera découvrir les technologies essentielles permettant de résoudre les problèmes de changements climatiques que nous subissons et devrons affronter dans un futur proche et plus lointain.

À ce jour, j'ai publié ce livre et ai envoyé gracieusement des exemplaires à certaines personnalités de premier rang (des responsables politiques, des rédacteurs en chef de journaux, des professeurs, des directeurs d'entreprise etc.). Ceci grâce à la générosité d'amis et grâce à la vente de mes deux livres. Il est urgent que je continue de remettre des exemplaires de mon livre à des personnes qui pourront dans le monde contribuer à résoudre les problèmes du changement climatique que j'avais décrits.

J'ai aussi pour objectif de me rendre avec une équipe en Égypte et dans d'autres pays où se trouvent des pyramides afin d'approfondir encore notre connaissance des relations entre les pyramides et le changement climatique et d'aider ainsi la science à trouver les informations nécessaires pour résoudre ces problèmes.

Afin d'accomplir ce travail, je pense qu'il convient de faire deux choses:

1. Établir un consortium international de scientifiques travaillant sur le sujet.

2. Lever des fonds de sorte que mon équipe et moi-même puissions continuer à envoyer des exemplaires du livre à des personnes clés et puissions-nous rendre aussi sur les pyramides pour les étudier encore et commencer à voir comment incorporer ce sujet scientifique.

À ce jour, je n'ai donné que de mon temps et des ressources financières pour faire part de ces découvertes au public, mais cela ne suffit pas. Je sais qu'il reste beaucoup à faire pour transmettre mes travaux de recherche aux personnes concernées et produire ceux-ci par la voix d'une équipe unie qui contribuera à résoudre les problèmes du changement climatique par des travaux scientifiques menés sur les pyramides. J'ai besoin de votre aide pour cette cause importante.

Si vous acceptez de soutenir ce travail essentiel, vous disposerez d'une voix pour savoir comment les ressources sont utilisées. Un consortium international ou un comité de surveillance sera créé à cette fin. L'importance de ce sujet nous oblige à rassembler des scientifiques du monde entier pour travailler sur ce projet.

J'ai actuellement une fondation "Musique Classique pour Les Enfants" ("Classical Music For Children Foundation').

J'ai pour objectif de faire du 'projet pyramide' une branche de cette fondation pour les trois raisons suivantes:

1. Cela permettrait une action immédiate au lieu de perdre du temps et de l'argent à créer une nouvelle fondation.

2. Cela serait plus économique de la définir comme une filiale de "Musique Classique pour Les Enfants".

3. Il est important pour le futur des enfants du monde de résoudre la question du changement climatique dès que possible.

Établir un consortium de scientifiques internationaux et recevoir des sponsors et des fonds pour continuer cette mission est de la plus grande importance. Vous pouvez adresser vos suggestions à:

The Pyramids: Scientific Solutions to Earth's Magnetic Field & Climate Change.
PO BOX: 1240
Seattle, Washington 98111-1240
U.S.A

Email: Info@ClassicalMusicForChildren.org
www.ClassicalMusicForChildren.org
(The Pyramid project)

Vous pouvez me contacter par courrier électronique, téléphone ou m'envoyer par courrier postal vos invitations émises par des gouvernements élus démocratiquement, des particuliers, des entreprises ou des organisations sérieuses et responsables afin de traiter cette question.

Un reçu comptable sera remis régulièrement à toutes les personne qui auront consacré du temps, auront fait de la recherche ou auront donné de l'argent à la fondation, et ces sommes seront déductibles des impôts. Par ailleurs, le consortium devra se doter d'un bureau, d'équipements et d'une expertise technologique. Les informations les plus pertinentes concernant les recherches seront fournies à tous les participants.

Je vous suis reconnaissant d'examiner ma requête. Je pense que lorsque mon projet retiendra toute l'attention qu'il mérite et qu'il commencera à produire des résultats, il s'avèrera une bénédiction pour notre terre et les générations futures de nos enfants. Voilà l'objectif de "Les Mystères des Pyramides Résolus : Des Solutions Scientifiques au Champ Magnétique Terrestre et au Changement Climatique ".

En espérant recevoir une réponse de votre part, Je vous prie d'agréer, Mesdames et Messieurs Les Présidents, Madame La Chancelière, Mesdames et Messieurs Les Premiers Ministres, l'expression de ma considération distinguée.

Christian Bernard Magnongui

Note : Des copies de cette lettre seront envoyées par courrier postal et électronique aux 23 Présidents, Chancelière et Premiers Ministres listés ci-dessous, par les voies officielles et les ambassades aux États-Unis. Si vous jugez devoir en faire part à d'autres personnes concernées, je vous serais reconnaissant de transmettre.

1. États-Unis d'Amérique : Monsieur le Président Barack H. Obama
2. Canada : Monsieur le Premier Ministre Stephen Harper
3. Royaume-Uni : Monsieur le Premier Ministre David Cameron
4. France : Monsieur le Président Nicolas Sarkozy
5. Japon : Monsieur le Premier Ministre Yoshihiko Noda
6. Mexique: Monsieur le Président Felipe de Jesús Calderón Hinojosa
7. Corée du Sud : Monsieur le Président Lee Myung-bak
8. Pérou: Monsieur le Président Ollanta Moisés Humala Tasso
9. Allemagne: Madame la Chancelière Angela Dorothea Merkel
10. Afrique du Sud : Monsieur le Président Jacob Zuma
11. Égypte: Monsieur le Président en exercice Mohamed Hussein Tantawi
12. Inde: Madame la Présidente Pratibha Patil
13. Brésil: Madame la Présidente *Dilma Rousseff*
14. Suisse: Madame la Présidente Micheline Anne-Marie Calmy-Rey
15. République du Ghana: Monsieur le Président Professeur John Evans Atta Mills
16. Italie: Monsieur le Président Giorgio Napolitan
17. République Démocratique du Congo: Monsieur le Président Joseph Kabila
18. Sénégal: Monsieur le Président Abdoulaye Wade
19. Danemark: Monsieur le Premier Ministre Helle Thorning-Schmidt
20. Australie: Madame la Première Ministre Julia Gillard
21. Belgique: Monsieur le Premier Ministre Elio Di Rupo
22. Suède: Monsieur le Premier Ministre Fredrik Reinfeldt
23. Nigéria: Monsieur le Président Goodluck Jonathan

Copiée :

Secrétaire Général des Nations Unies; CNN News; FOX News; ABC News; BBC News; CBS News; Boston Globe; Star Tribune; AFP News; Reuters News; Coasttocostam.com; NPR; The Seattle Times;

Boston Globe; NYTimes; Wall Street Journal; Chicago Tribune; Houston Chronicles; Los Angeles Times; NAACP; Associations Amérindiennes; Associations Asiatiques; NASA; Agence Européenne pour l'Espace ; Fond Environnemental de Défense ; Organisations Mondiales de Météorologie; IPCC Secrétariat; Union Européenne; Secrétaire de l'Union Africaine; National Geography; Et autres organismes nationaux d'information des pays cités ci-dessus.

La traduction de cette lettre en anglais, allemand et espagnol pourra être téléchargée uniquement pour les nouvelles informations à l'adresse suivante : www.ClassicalMusicForChildren.org

OUVRAGES ET TRAVAUX CITES

[1] Galileo Galilei

http://www.crystalinks.com/galileo.html

[2] Albert Einstein http://www.goodreads.com/quotes/542062-the-world-will-not-be-destroyed-by-those-who-do?auto_login_attempted=true

[3] Oneheartforpeace – Deganawida
http://oneheartforpeace.blogspot.fr/2011/09/words-and-wisdom-from-history-for-week.html

[4] Benjamin Banneker
http://www.bnl.gov/bera/activities/globe/banneker.htm

[5] Letter to Dr Priestley, 8 Feb 1780. In Memoirs of Benjamin Franklin (1845), Vol. 2, 152.

http://todayinsci.com/F/Franklin_Benjamin/FranklinBenjamin-Quotations.htm

[6]Charles de Montesquieu – The Spirit of Law http://www.the-philosophy.com/montesquieu-quotes

Montesquieu, Baron de. The Spirit of the Laws. Electronic Text Center, University of Virginia Library
http://etext.lib.virginia.edu/toc/modeng/public/MonLaws.html

[7] Vrooman, Jack Rochford. Rene Descartes: A Biography. New York: G.P. Putnam's Sons, 1970. (Page 56, 58)

[8A] La philosophie de Descartes

http://la-philosophie.com/philosophie-descartes

[8] Goodreads
http://www.goodreads.com/author/quotes/36556.Ren_Descartes

[9] The Tuthmosis IV Dream Stele"

http://ib205.tripod.com/sphinx_dream.html

[11] The Mahanta, the Living ECK Master
http://www.eckankar.org/Harold/index.html

[12] Mégastructure de légende - La grande pyramide de Gizeh

http://www.t411.me/torrents/megastructure-de-lgende-la-grande-pyramide-de-gizeh.

[13] Le Soleil- Wikipédia

http://fr.wikipedia.org/wiki/Soleil

[14] Magazine Science

http://www.paperblog.fr/2699718/2-699-999-990-000-decimales/

[15] David Linden: Handbook of Batteries. Second Edition, 1995. Page 1.3

[16] Car and deep cycle battery http://www.batteryfaq.org/

[17] Christopher, Dunn. "The Evidence Leading up to Gantenbrink's 'door'". Web. September 15, 2002.
http://www.gizapower.com/ShaftEvidence.htm

[18] La grande galerie, l'antichambre et la chambre du roi – Wikipédia.
http://fr.wikipedia.org/wiki/Pyramide_de_Kh%C3%A9ops

[19] La chambre de la reine - **Le Kebek © 2012-2013 Par Denis Jean**
http://kebecleak.over-blog.com/article-la-grande-pyramide-de-gizeh-revelera-ses-secrets-en-2012-103434945.html

[20] Battery Council International. "How a Battery is Made." September 2010.
http://www.batterycouncil.org/leadacidbatteries/howabatteryismade/tabid/107/default.aspx

[21] Vue axométrique de la chambre du roi – Wikipédia

http://fr.academic.ru/dic.nsf/frwiki/728377.

[22] Histoire d'un mystère : l'intérieur de la Terre - Planète-Terre'-Vincent Deparis- Maison des Sciences de l'Homme - Alpes, Grenoble.
http://planet-terre.ens-lyon.fr/planetterre/XML/db/planetterre/metadata/LOM-modeles-interieur-terre.xml

[23] Couches Géologiques de la terre – Wikipédia.

http://fr.wikipedia.org/wiki/Terre

[24] Dr. Ken Rubin, Assistant Professor at the Department of Geology and Geophysics, at the University of Hawaii

http://www.soest.hawaii.edu/GG/ASK/earths_core.html

[24] Dimensions and Mathematics of the Great Pyramid
http://www.theglobaleducationproject.org/egypt/studyguide/gpmath.php

[24A] God's Time Capsule

http://godstimecapsule.com/chapter-2/

[25] Observation mathématique de la pyramide de Khéops – Wikipédia - Jean-Philippe Lauer, Le mystère des pyramides, 1988, p.234.

http://fr.academic.ru/dic.nsf/frwiki/1253394

[26] Dimensions and Mathematics of the Great Pyramid
http://www.theglobaleducationproject.org/egypt/studyguide/gpmath.php

[26A] Chambres de décharge au-dessus de la chambre royale (d'après Perring) – Les Pyramides.

http://jfbradu.free.fr/egypte/LES%20TOMBEAUX/LES%20PYRAMID ES/CHEOPS/CHEOPS.php3

[27] An Arab who got the shock of his life on the summit

http://www.gizapyramid.com/gip2.htm

[28] US geological survey. www.mindat.org

[29A] L'École de Physique et de Chimie Industrielles de la Ville de Paris.

http://www.espci.fr/fr/espci-paristech/prestige/historique

[29] Pierre and Marie Curie in the laboratory
http://en.wikipedia.org/wiki/File:Pierre_and_Marie_Curie.jpg.

[30] Christopher, Dunn. "Evidence of Ancient Electrical Devises found in the Great Pyramid?" Web. June 2, 2011.

http://www.gizapower.com/ShaftEvidence.htm)

[31] John Meurig Thomas, FRS: Michael Faraday And the Royal Institution: The Genius of man and Place. IOP Publishing Ltd, 1991. Page 41

[32] Today in Science History
http://www.todayinsci.com/F/Faraday_Michael/FaradayMichael-Quotations.h

[32] Journal of Serendipitous http://www.jsur.org/history/Oersted

[33] Today in Science
http://todayinsci.com/O/Oersted_Hans/OerstedHans-Quotations.htm

[33A] Une nécropole de 35 pyramides découverte au Soudan – Futura Science

http://www.futura-sciences.com/fr/news/t/paleontologie/d/une-necropole-de-35-pyramides-decouverte-au-soudan_44508/

[33B] Les communautés originaires du Soudan.

http://www.darnna.com/phorum/read.php?12,147187,page=2

[33C] Le Mica - Dictionnaire Minéralogique

http://fr.wikipedia.org/wiki/Mica

[33D] Pyramides du Soleil - Ses Mathématiques – Les pyramides de la chine.

http://www.ancient-wisdom.co.uk/pyramids.htm

[33E] La Pyramide de Cestius (Italie)

http://www.thesportscoupe.com/place3/index.php?lang=fr&zr=20&zc=IT&za=Latium&zs=Rome&zl=Rome&mode=5&m=6&pl_id=201203230025

[33F] Pyramides en Bosnie

http://secretebase.free.fr/civilisations/ruines/bosnia/bosnia.htm

[34] Gillian Turner. North Pole, South Pole: The Epic Quest to Solve the Great Mystery of Earth's Magnetism. New York: The Experiment, LLC, 2011. Page 79-80

[34A] Magnetic Fields History

http://www-spof.gsfc.nasa.gov/Education/whmfield.html

[35] Rick Groleau. "When Our Magnetic Field Flips". Web. November 18, 2003.

http://www.pbs.org/wgbh/nova/earth/when-our-magnetic-field-flips.html

[36] Hans Christian Oersted http://www.jsur.org/history/Oersted

[37] Louis Pasteur - Today in Science
http://todayinsci.com/O/Oersted_Hans/OerstedHans-Quotations.htm

[38] Rick Groleau. "When Our Magnetic Field Flips". Web. November 18, 2003.

http://www.pbs.org/wgbh/nova/earth/when-our-magnetic-field-flips.html

[39] Jin Marvin Herndon's Origin of Earth Magnetic Field.
http://www.nuclearplanet.com/Herndon's%20Geomagnetic%20field.html

[40] National Center for Urban and Industrial Center (US): Manual of Septic Tank practice. 1967. Page 27

[41] Fosse Septique - Inspectpedia
http://www.inspectapedia.com/water/Water_Pollution_15.htm

[42] Dig It Excavating Inc. "It's All Connected An overview of On-site Septic Systems – YouTube". Web.
http://www.youtube.com/watch?v=i6yFtzkV34Q

[43] Gillian Turner. North Pole, South Pole: The Epic Quest to Solve the Great Mystery of Earth's Magnetism. New York: The Experiment, LLC, 2011. Page 99

[44] Physics of Energy & the Environment- PHYS 161 Lecture 10
http://hendrix2.uoregon.edu/~dlivelyb/phys161/L10.html

Physics of Energy & the Environment- PHYS 161 Lecture 1

http://hendrix2.uoregon.edu/~dlivelyb/phys161/L1.html

[45] Le Champs Magnétique Terrestre –
http://aurores-polaires.e-monsite.com/pages/vent-solaire-magnetosphere-aurore-polaire/1.html

[46] Aimants et Magnétisme

http://www.magnetosynergie.com/Pages-Fr/Aimants/FR-Aimants-04.htm

[47] Gilliam Turner North Pole, South Pole: The Epic Quest to Solve the Great Mystery of Earth's Magnetism Page 113

[48] Nola Taylor Redd. "Where'd Mars water go? May be underground". Technology & Science. Web. November 24, 2011.

http://www.msnbc.msn.com/id/45139654/ns/technology_and_science-space/t/whered-all-mars-water-go-maybe-underground/#.TuKrRrLTr3U

 [49] Proceedings of National Academy of Sciences. "NASA: DNA Found on Meteorites Indicates Life May Have Originated in Space". Web. August 9, 2011.
http://www.ibtimes.com/articles/195073/20110809/nasa-dna-meteorites-building-blocks-life-on-earth-from-space.htm

[50] Gilliam Turner North Pole, South Pole. Page 244

[51] Lewis Page. "The Register" environment reporting magazine. Web. November 24, 2011.
http://www.theregister.co.uk/2011/11/24/earth_core_silicon_perhaps/

[52] Richard Black. "Global warming 'confirmed' by independent study; The earth's surface really is getting warmer, a new analysis by a US scientific group set un in the wake of the "Climategate" affaire has concluded." Environment correspondent for BBC News. Web. October 20, 2011.

http://www.bbc.co.uk/news/science-environment-15373071?print=true

[53] Marshall Brian. "How compasses work". How Stuff Works. Web.
http://adventure.howstuffworks.com/outdoor-activities/hiking/compass1.htm

[54] How compass work? http://adventure.howstuffworks.com/outdoor-activities/hiking/compass1.htm

[55] Peter Tyson. "Would a dramatic change in the Earth's magnetic field affect creatures that rely on it during migration?' Nova online. Web. November 18, 2003.
http://www.pbs.org/wgbh/nova/nature/magnetic-impact-on-animals.html

[56] Msnbc.com staff and news service reports. "Heat waves, floods and storms: scientists warn world to prepare for extreme weather. Web. November 18, 2011.
http://www.nbcnews.com/id/45353104/ns/us_news-environment/#.TuVOm7LTr3V

[57] Pallab Ghosh. "Climate Change migration warning issued through report". Science correspondent for BBC News. Web. October 19, 2011.
http://www.bbc.co.uk/news/science-environment-15341651

[58] BBC News Science & Environment. "IPCC: Climate Impact risk set to increase: The Risk of extreme weathers is likely to increase if the world continues to warm, say scientists." Web. November 18, 2011.
http://www.bbc.co.uk/news/science-environment-15745408?print=true

[59] Morimitsu, Phil. "In the Company of ECK Masters". Minneapolis: Eckankar, 1987. Page 270

[60] Ignatius Donnelly – Online Biography prepared by Lisa Dudek, spring 2006.

http://pabook.libraries.psu.edu/palitmap/bios/Donnelly__Ignatius.html

[61] Atlantis the Antediluvian World by Ignatius Donnelly, Page 277.
http://www.gutenberg.org/dirs/etext03/ataw11h.htm#start

www.ingramcontent.com/pod-product-compliance
Lightning Source LLC
Chambersburg PA
CBHW051452170526
45166CB00001B/219